EVERYDAY BUSINESS STORYTELLING

Create, Simplify, and Adapt A Visual Narrative for Any Audience

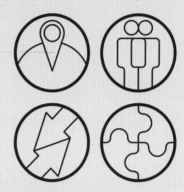

Janine Kurnoff | Lee Lazarus

矽谷流
萬用敘事簡報法則

矽谷專家教你說好商業故事，解決每一天的職場溝通難題

書 ———— 珍妮・柯諾夫 ｜ 李・拉佐魯斯
譯 ——— 許恬寧

新楽園
Nutopia

各界讚譽

「你很難找到一名合作夥伴，能直接影響銷售主管的表現，但從 2014 年起，珍妮和李便扮演關鍵角色，協助我們成功地，讓旗下的銷售主管說出更好的故事。」
　　──蘿拉・莫拉羅斯（**Laura Moraros**），**Facebook** 全球行銷解決
　　方案學習與賦能長

「找到全方位的培訓解決方案，輔導員工創造與分享說服力強，以受眾為中心的商業故事，向來是一大挑戰。本書的方法源自真實情境與個案研究，任何人都能快速進入狀況。如果想提升說故事的技能，並推動商業對話，快看這本書！」
　　──史黛西・薩瓦拉喬（**Stacy Salvalaggio**），**Aritzia** 服飾零售營運副總裁、
　　前麥當勞（**McDonald's**）全球學習發展資深總監

「沒有什麼技能與創意會比有能力將數據轉換成有條理的故事，更能推動你的職涯。這本書是所有高階主管的致勝公式。」
　　──席倪・薩維亞（**Sydney Savion**），紐西蘭航空（**Air New Zealand**）學習長

「李和珍妮證明你能在日常的溝通中，讓技術資訊變得好懂。這是一本必讀之作，太精彩了。」
　　──艾耶列特・史坦尼茲（**Ayelet Steinitz**），微軟（**Microsoft**）全球略聯盟長

「如果你懂商業故事的價值，那就絕對有必要收藏這本書。書中除了提供精簡的架構，教你打造商業故事，還解釋如何依據真實生活中的情境，靈活地講述你的故事。這是我讀過最好的生產力書籍！」
　　──喬許・柯伊（**Josh Coy**），萬豪國際（**Marriott International**）
　　飯店開幕訓練長

「在我們的組織裡，擔任鼓舞人心的領導者，絕對少不了説故事。我們把書中的架構整合進高階人才與領導力計畫，重新打造我們處理對話、會議與簡報的方式。我曾在兩家《財星》500 大企業，與本書的作者李和珍妮合作。這本書展現兩人的實力，以非常務實、方便應用的途徑，教大家快速拆解複雜的資訊。」

　　——雪倫・布立頓（**Sharon Britton**），美敦力（**Medtronic**）全球人才與
　　　領導力培訓長

「如果想以可一再重複的務實作法，直接影響你的業務與人才庫，方法其實不好找。我們從 2015 年起，就採取本書的説故事原則，一直奉行至今。這是一本不可或缺的好指南！」

　　——珍・霍斯金森（**Jane Hoskisson**），國際航空運輸協會
　　（**International Air Transport Association**）學習發展長

「李和珍妮在這本書親身實踐自身的理論。我上過她們談這個主題的優秀講師課程，這本書和她們的課一樣生動，著實令我激賞，以圖像的方式教學，化繁為簡……按照她們的建議準備簡報，你的簡報也會具備同樣的效果。」

　　——蘇茲・罕（**Suz Hahn**），戴姆勒（**Daimler**）學習發展經理

「好萊塢以及商業領域的説故事方式，差異其實沒有想像中的大。寫作的時候，情節帶動人物走過衝突，但故事才是我們在乎的原因。在商業上，如果公司説出顧客在乎的故事，產品會變得更有意義、更吸引人。每間公司都想要好萊塢式的結局：成為大受歡迎的故事。這本書能協助任何公司寫下那樣的劇本。」

　　——羅恩・拉帕波特（**Ron Rappaport**），**Netflix** 編劇與製作人

「這個世界的數據泛濫成災，但人們很少用合乎邏輯的簡單方法，將數據用來做出更好的決策。說故事顯然是解決這種情形的救星。這本書詳細解釋說故事的方法，讓我們的團隊得以扭轉乾坤。絕對值回票價的一本書！」
　　　——布萊恩・拉柯索（Brian Laakso），哥倫比亞運動服裝公司
　　（Columbia Sportsware）資深供應鏈流程分析師

「我們天生就會說故事。故事說得好，就能鼓舞我們關心的人，並與他們建立聯結。我和兩位作者在蘋果與臉書合作時，見證她們協助數百人強化這項能力。我樂見這本書分享了她們的獨家祕笈，相信很快就會成為各階層領導者的參考指南。」
　　　——湯姆・佛洛依德（Tom Floyd），前 Facebook 主管效率長、
　　　Flouracity 創辦人

「我們的團隊總是擅長拋出資訊，但不擅長讓受眾在乎那些資訊。我們在過去十多年間與兩位作者合作，扭轉此一情勢。這本書源自她們說故事的寶貴技巧，我很興奮這本書能問世。」
　　　——梅根・蓋利（Megan Gailey），美信集成產品（Maxim Integrated）
　　　企業服務管理總監

「珍妮和李強調打造說故事文化的必要性。她們提供的指南教大家說出有說服力的真誠故事——說明該放進哪些元素與技巧，配合每一位受眾做出調整，刺激人們行動。」
　　　——凱薩琳・蘭庫（Catherine Lacour），Blackbaud 行銷長

「我們經常聽到必須把數字變故事……這本書做到了！謝謝你們分享這個實用的說故事方法。先前只有你們的《財星》500 大企業客戶才有緣聽到，如今終於公開問世。」
　　　——蘿倫・戈登斯坦（Lauren Goldstein），ANNUITAS 負責人與營收長、
　　　Women in Revenue 共同創辦人與董事

目錄 CONTENTS

《矽谷流萬用敘事簡報法則》是整合了商業理性與故事感性的商業簡報書

　　《矽谷流萬用敘事簡報法則》這本書應該是最貼近剛進職場的夥伴要切入商業簡報的簡報書了，早期台灣大部分的簡報講師都是從TED中學習演講技巧。對！就是演講技巧。但是演講技巧有很多不適用於「一般商業簡報」的情境，像是向上報告，跟你家的總經理報告，你要邀請對方舉手互動嗎？但是工程師風格的工作報告充滿著專有名詞與複雜的數據資料，又要怎麼說明呢？一邊過於親和活潑、一邊過於專業嚴肅，怎麼平衡？

從認知心理出發，了解感性故事的價值

　　《矽谷流萬用敘事簡報法則》強調了人的印象與記憶，其實是和情感因素成正比；就像是那些小孩是開心的記憶或是生活中重要的里程碑，之所以可以長存在我們的腦海中，就是因為這樣的資訊是連結的情感因素一併地被儲存在我們的腦內。所以你要怎麼說故事的框架，這本書就一步步地帶你去練習與思考。而你的商業簡報或是表達，有一個具體的情感動能（故事框架）嗎？

1

從數據中要看到的是論點與洞察，不是資料呈現

而在商業世界中最關鍵的數據表格，本書也從個案中做出一個學習感很好的內容。作者很大方、毫不藏私地分享了他們從一份簡報中所看到的缺點，也提醒大家，真正要報告的是數據中的洞察與看法，而不是呈現數據而已。這些提醒都很簡單與直接，但是卻有效。

書中也有作者針對一份表現比較不優的商業簡報，剖析自己的觀點。從對應問題可以優化的方向，製作出優化調整後的簡報內容。過程中，也一樣的分享了自己的設計理念，這其實是一個很重要的學習素材，因為我們才有機會知道，一份簡報背後不成功與成功的Why。

一些高手才知道的小技巧與豐富的案例與實作示範

你知道有些關鍵，是高手才看得到細節。這本書也分享了，像是「描述式的標題」就是一個關鍵技巧。其實練習表達的流暢度就是要從基本功開始練習。因為敘述式的標題，就是你的說服策略與架構，能引導聽眾了解簡報重點。不管是商業簡報、報告或是溝通，很多人不知道要從何精進起，好像要很厲害才能表現自己，但是就是從這樣的基本細節開始練習起。

你發現商業的簡報並不是自己的加分項目或是競爭力嗎？
那要不要從這本書開始，學習與提升自己呢？

——策略思維商學院 院長

孫治華

簡介 INTRODUCTION

說故事是
推動業務的方法

你愛聽故事，我們也愛聽故事。

　　人人都喜愛精彩的故事（因為我們是人類）。然而，如果要把說故事融入平日的工作生活，許多人感到為難。為什麼？因為我們既不是好萊塢編劇，也不是厲害的廣告人（至少大部分的人不是）。我們在企業裡上班時，對內、對外要簡報，還有對上、對下、對平級的同仁報告。要報告的場合太多了，加上大部分時候，我們要報告的內容**枯燥乏味**。你懂的，什麼季度檢討、產品更新、變革管理提案，沒完沒了。對大部分的人來講，究竟如何能真正把說故事帶入日常的工作生活，方法並非如此具體。

　　我們因此不會去講故事，而是用**已知**的方法做事。我們會利用現成的內容「應急一下」，例如找出自己（或同事）上次做的投影片先起頭，接著拼拼湊湊。列出幾個條列式重點，有什麼圖表都放進去。再上行銷團隊製作的企業入口網站，抓幾張「漂亮」的投影片，一起塞進去。這種東拼西湊、大雜燴式的溝通方式有一個非常明確的專有名詞：我們稱之為**「科學怪人簡報（Frankendeck™）」**。

　　你絕對見過那種大雜燴。開會時、收信時，科學怪人簡報跑出來嚇到人！受眾心想，這什麼啊？他們沒接收到明確的訊息，不曉得那個東西到底想要他們做什麼，結果就是錯過影響決策的機會，沒能順利推動業務發展的方向。

大家能不能講好，不再用科學怪人簡報？

如果說有一種方法簡單又實用、甚至可以重複利用，協助你
（與團隊）運用視覺策略來說好故事，那會如何？如果說**每・一・
次**都有可以簡單照做的架構，方便你開始說故事？我們過去二十
年就是朝這個方向努力：讓說故事變成第二天性。我們推廣在口頭
與視覺的商務溝通中，好好說故事。拒絕大雜燴，拒絕「快速
搞定」，拒絕**科學怪人簡報**。

科學怪人簡報導致人們
沒聽懂好點子，遲遲無法做出決定。

我們完全（沒錯，完完全全）了解為什麼你不想講故事

我們清楚你的心聲。你很忙。你沒時間。你的聽眾什麼人都有，
各有各的需求。上司可沒耐心先聽你說什麼「故事」，最後才揭曉
答案。她只要你替她做好三張投影片，她要拿去向她的上司報告。
喔，還有組織裡的「品牌警察」剛剛才叮嚀過，報告一定要使用
特定的素材，例如他們規定的模板和圖案。我們懂！**我們曉得你有
多痛苦，我們自己也碰過那種情形。**

那正是為什麼我們要寫這本書。

讓說故事兼具有意義與實用性，每個人每一天都能在公事上運用

接下來，我們會揭開說故事的神祕面紗，你將能以簡單的方法一勞永逸，在工作時間說故事會變得可行，每一個人都能說故事──**每一天都行**。本書為了帶給你靈感，每一章將提供很多例子，全是日常會碰到的情境。舉例來說，當你被告知時間不足，原本預定三十分鐘的簡報，現在五分鐘內就得講完（**媽啊！**），你該如何縮減？不必驚慌，本書會教你視覺化的故事架構，在最後一分鐘也能**輕鬆**調整內容。

適合視覺呈現、虛擬會議……以及其他任何場合的故事策略

本書舉的例子大都高度**視覺化**，為什麼這麼安排？因為視覺呈現能有效替你的故事帶來人味，引發情緒，刺激行動（原理詳見〈第1章：腦科學家會客室〉）。然而，有一件很重要的事要提醒：視覺素材產生效應的前提，是它們**必須**能輔助你的故事，達到畫龍點睛的效果，而不是讓受眾分心。由於你不一定會是負責「講故事」的人──不是由你來向現場（或虛擬會議室）的聽眾傳達訊息──這種時刻要特別注意。

不過，我們還是會介紹幾個例外。即便沒使用視覺輔助，照樣運用了有效的故事架構，例如撰寫重要的電子郵件或一頁摘要。簡而言之，不論你要說什麼、發送什麼、發表什麼、報告什麼，我們會介紹如何應用基本的故事架構，**任何溝通都適用**。

所以你們矽谷兩姐妹對於商業敘事了解多少？

網路泡沫在 2001 年破滅後，企業紛紛裁員，甫成立的新創公司，更是絕大多數都消失得無影無蹤。我們兩個人在科技業工作的那幾年，見證了一切的始末。珍妮當時在雅虎（Yahoo! Inc.）從事銷售訓練工作（日後成為網路節目主持人）。李則在矽谷成長最快速的兩間網際網路與電信市場研究公司，擔任行銷通訊長。

我們經常碰到人們在 PowerPoint 的報告時間，講話漫無目的，給了一堆數據但沒講故事。我們看得出底下的聽眾一頭霧水，不曉得台上的人究竟想講什麼，也不知道現在到底該怎麼做。從那時起，我們就知道有必要以更好的方式溝通創意點子，於是齊心協力成立了「簡報公司」（The Presentation Company，簡稱 TPC）。

二十年後，我們這間由女性創辦、獲得認證的訓練公司，到各地舉辦工作坊，協助跨國的《財星》500 大企業（Fortune 500）說出視覺故事，與受眾建立緊密的連結。我們傑出的超級團隊開發出獲獎的訓練與工具，讓人們有信心、有能力把數據與洞見，變成以受眾為中心的動人企業故事。我們一路上有幸協助臉書（Facebook）、雀巢（Nestlé）、惠普（Hewlett-Packard）、美敦力（Medtronic）、埃森哲（Accenture）、麥當勞（McDonald's）、蘋果（Apple）、樂高（LEGO）等全球最大型的眾多品牌。

而我們大量觀察到……

我們在開發說故事的簡易策略期間，觀察過數百間組織。每間組

織各有各的工作步調、行事風格、文化規範。我們訓練過行動超級迅速的企業，也碰過牛步的古老企業。然而，不論遇到哪種公司，我們發現，有說故事文化的企業，才是真正的贏家。這種企業提出的訊息更一致，團隊的協作能力較佳，以還要更好的方式，把自家點子推銷給全世界。此外，我們還察覺一件事：在豐富的說故事生態系統中如魚得水的人士，他們的職涯晉升速度很快。

說故事是職涯利器

在我們合作過的每一間公司，我們親眼見證，說故事是下列三件事的必備元素：一、掌握點子；二、受眾連結；三、獲得人人渴望的能力——具備大將之風。

不論是向主管的上司提出建言、提供產品更新，或是回答潛在顧客的刁鑽問題，知道如何建立故事架構的好處，包括讓你的內容帶有人味，建立雙向的對話，**當下**就滿足受眾的需求。

說故事能協助你自信地引導對話，把路線圖同時擺在自己和受眾面前。雙方知道這場對話將朝哪裡走，也清楚來龍去脈，**非常**能預防雞同鴨講與呵欠連連的場面。

我們寫這本書的原因，在於我們真心相信，只要獲得一些簡單的指引與工具，**每個人**都能是說商業故事的高手。你也能成為大師。跟我們一起出發吧。

我們會教你幾招。

Janine Lee

珍妮和李　敬上

PART 1

先一次釐清

原來要說
商業故事的
原因是這樣

第 1 章

腦科學家會客室

大家都同意，每個人都愛聽故事，對吧？

　　此外，說商業故事被廣泛視為推銷點子的好方法。我們在剛才的簡介中，就提過種種好處（萬一你錯過了，往回翻一下）。不過，許多商業人士不認為值得花時間「說故事」，畢竟說故事聽上去「過分軟性」（這是我們最常聽到的形容）。也因此在我們正式學習如何架構商業故事之前，先來正經解決一件事——讓大家了解，說商業故事可是有理有據，不是什麼邪門歪道。

跟羅傑打聲招呼

　　羅傑‧沃爾科特‧斯佩里（Roger Wolcott Sperry）發現，我們的大腦有一件不可思議的事。有一名男子罹嚴重的癲癇，為了緩解症狀，他的胼胝體（連結左右腦半球的部分）被切除。幸運的是，手術奏效。斯佩里是加州理工學院（CalTech）的心理生物學家，他因此觀察到左右大腦是如何獨立運作。斯佩里發現左腦與右腦管轄不同的知覺、概念與衝動。左腦與邏輯、分析、口語有關，右腦則負責概念、直覺與視覺。斯佩里因為裂腦（split-brain）研究，1981 年獲頒諾貝爾醫學獎。[1]

很有趣，但這跟說故事有什麼關係？

　　許多神經科學家接續斯佩里的研究，觀察到我們在做決定時，
看來不會只用右腦或左腦，而是兩邊的大腦並用。

我們不停在
左右腦之間徘徊，
左思右想。

　　當我們試著決定，到底該自己沖一壺咖啡、還是要奢侈地去一趟
星巴克，就會觸發這個大腦流程。我們好想點星巴克的特大杯（450
大卡！），但知道喝派克市場烘焙即溶咖啡（Pike Place Roast，5
大卡）會比較健康。這種時候也會觸發大腦流程。是的沒錯，
辦公室同樣會觸發流程。我該簽這筆合約嗎？我該投錢擴張嗎？
我該僱用這名應徵者嗎？

　　此外，如果你希望影響**他人**做出這一類的決定，也必須引發
這樣的流程。

說故事能同時觸發左右腦的思考

　　你的左腦有如檔案櫃。左腦會尋找模式，試圖把新資訊配對給

既存或已知的資訊。也因此**大量的**事實與數據湧向左腦時，左腦會試著全數處理，結果就是過載。資訊以過載的速度湧入時，我們的腦袋將無從分類任何事，沒辦法牢記資訊，資訊變雜訊。

　　回想在某場會議（現場會議或虛擬會議都可以），報告人用五花八門的圖表與條列式的事實**壓垮**你。你是否還記得任何的簡報內容？如果還記得，你想到的是一行又一行的數字，還是數據說出的**故事**？你記住的八成是故事（如果還真的有故事的話）。

　　我們能記住故事的機率會高很多，因為故事會啟動右腦。右腦讓我們先是接收新資訊，接著出現感受與想像事物。右腦會引發創意流程，我們離開已知的天地，開始想像可能的未來──超出心智檔案櫃裡原本就有的東西。

　　此外，當你說出的故事，背後有確切的數據支撐與視覺輔助，大腦的創意面與邏輯面將**同時**受到吸引。

同時結合故事、
數據與視覺輔助，
你的點子就會是全場的焦點

　　史丹佛商學院教授珍妮佛・艾克（Jennifer Aaker）近日讓學生參與實驗。班上的學生逐一上台提案，其中十分之一的人用上故事，其餘的同學則只提出事實與數據。所有人都報告完畢後，艾克教授請全班寫下自己記得什麼。結果很驚人。僅 5％的學生能想起與統計數據有關的片段，但高達 63％的人能複述一個以上的故事。

　　學生記住故事的程度，是記住單一事實的十幾倍。

更多說故事的腦科學證據

　　現在我們知道，我們理解世界的方式，是在創意右腦與邏輯左腦之間反覆思考資訊。不過，讓我們再見見另一位腦科學家。他發現了另一件非常值得留意的事：我們在做決定的那一刻，主要受到情緒驅使。（**我們人類……內心的小劇場可真多。**）

安東尼會客室

認知神經科學家**安東尼歐·達馬吉歐**（**Antonio Damasio**）研究過大量人士的大腦損傷效應。他觀察到艾略特（Elliot）這名男性在受傷後，情緒處理的功能鈍化。

達馬吉歐注意到很值得留意的一件事：缺少情緒刺激的艾略特，**非常**難做決定。這個發現帶來達馬吉歐著名的「軀體標記假說」（Somatic Marker Hypothesis）。他的結論是，雖然我們還**以為**，自己純粹是依據邏輯來做決定，但真正**下定決心的那一刻**，**情緒**其實扮演著關鍵的角色。如同達馬吉歐所言：「情緒讓我們把事情標記成好事、壞事或不在意。」

雖然我們自認
完全按照邏輯做決定，
情緒其實在「就這樣吧」的時刻
扮演著關鍵的角色。

好了，現在我們知道大腦分成左右兩半，各自扮演不同的角色，協助我們理解這個世界。左腦是檔案櫃，裝著我們知道的事；右腦則協助我們把目光放遠，超越已知的事，運用直覺，想像可能

性。此外，我們還知道，即便我們**自認**是《星際爭霸戰》（*Star Trek*）裡高度講求邏輯的史巴克先生（Mr. Spock），在關鍵的決策時刻，我們其實受到情緒驅使。

讓我們再看另一位傑出的科學家——這次由精神科醫師來告訴我們，右腦、左腦，以及我們居住的這個世界，有一件更驚人的事。

天啊，看來**真的**有非常、非常充分的理由，該講商業故事⋯⋯

伊恩會客室

伊恩・麥吉爾克里斯特（Iain McGilchrist） 在開拓新局的《主人及其特使》（*Master and His Emissary: The Divided Brain and the Making of the Western World*）一書中，詳細檢視左右腦如何協助我們看待世界。他發現在語言、說話和邏輯等方面占據重要地位的左腦，在封閉、狹隘、受控的　空間中運作。基本上，左腦是我們心中的官僚。另一方面，右腦則讓我們聽出新資訊的言外之意，有辦法推論，跳出**已知的**世界。換句話說，帶來通往轉變的道路。

麥吉爾克里斯特提到（甚至是感嘆），今日的我們**過分規範**（over-codifying）這個世界，試圖捕捉與系統化一切事物（有沒有人想到大數據？），而這是一種非常左腦、強調邏輯的誘惑。麥吉爾克里斯特主張，問題出在執著於嚴格計算每一件事，將阻擋想像力能帶來的重大突破。

就因為這樣，今日的職場出現了一個重大問題。

我們在溝通的時候，
過度仰賴數據、數字、統計、分析。

數據不但無法促成**絕妙**的點子（或至少是**不錯的點子**）被人看到，反而會從中作梗。我們拿著數據的消防水管對準決策者，逼迫他們……**做出決定吧！**

科學已經證實，注入情感有助於推銷點子。反過來講，數據過載則會扼殺點子。如果你還不信的話，我們來認識最後一位科學家，他的發現指出，如果要讓敘事激起人們的情感（與關注），還有一條路──視覺素材。

嗨你好，約翰

分子生物學家約翰・麥迪納（John Medina）在《大腦當家》（*Brain Rules*）一書中談到，視覺是我們最主要的感官，天生會引發我們的情緒。視覺素材如果和你的故事配合得天衣無縫，將是超級有效的便利貼，對著我們說，**把這件事存進你的記憶！**麥迪納指出，如果你「聽見某個資訊，三天後記憶裡只會留存 10%。加上照片則會記住 65%。」哇，如果用視覺的方式展示你的關鍵概念，人們記住的程度將是**六倍**。想像一下，萬一你見到決策者時，那已經是他們當天開的第九場會議，視覺素材能幫上多大的忙！

簡而言之……

數據與視覺素材能豐富你的故事，
也可能反而讓人一頭霧水

當你用表格與圖解等視覺素材，以及（簡潔的）文字，直接輔助你的故事，你的點子與洞見會更讓人印象深刻。沒錯，這當然有科學的證據。

不過，使用視覺素材要小心。商業世界碰上的一大問題，就是人們濫用視覺輔助——**尤其是在簡報數據的時候。**我們常會加上一堆圖表，好讓訊息「有分量」，希望受眾會因此買帳。很可惜，數字轟炸法通常會有反效果。繼續讀下去，你就會知道如何才能真正讓數據立大功（提示：一切都與故事有關）。

第 2 章 （沒錯，雖然有時會用過頭）

數據^不是惡霸

好了，雖然當你發動圖表的連珠炮攻擊，人們反而會無法下決定，但數據本身**不是**壞東西。如果運用得當，在數據的輔助下，我們將更能深入理解目前的狀況——連帶了解抓住什麼樣的機會，將帶來更美好的未來。

把數據包裝成故事後，更可能讓受眾心有同感。你將激起受眾（右腦）的好奇心與直覺。在你的帶領下，受眾將有辦法**克服心理障礙**。在此同時，**直接支持**故事的（左腦）數據，最終能提供決策者點頭的正當理由。此外，這支左腦與右腦之間的探戈，將加強你的點子分量，帶來進一步的商業對話，進而影響決策。

數據能替故事帶來洞見

在商業的世界裡，我們通常會仰賴數據、數字、統計與分析來說服他人。那些東西的確能大力推動你的點子。不過，優秀的說故事者知道，數據的價值不在於堆砌一般性的資訊，重點是數據帶給故事的意義與洞見。

在你放進數據前，永遠先問幾個問題：**這個數據支持我的故事嗎？這個數據能推動我的敘事嗎？我的數據是否編排得當（反覆推敲），讓洞見變得顯眼？**

用精心設計的故事
所包裝的數據
威力無窮

好的數據洞見會帶著大家發現

　　心理學家蓋瑞・克萊恩（Gary Klein）在《為什麼他能看到你沒看到的？洞察的藝術》（*Seeing What Others Don't*）中，提供了幾個明確的洞見定義：

- 洞見是源自數據分析與詮釋的**發現**。

- 洞見會改變我們如何理解一件事。針對該如何創造商業價值，我們的**思維出現轉變**。

- 洞見會帶我們走向**更好的新故事**。[1]

　　這幾點定義有什麼特殊之處？首先是「**發現**」一詞，發現帶有「新的或先前未知」的意涵。如果要從數據中挖出洞見，就得找到全新的事物，例如不一致或矛盾之處，或是反過來—在意想不到的地方找出連結與巧合。其他能找出洞見的地方，包括重複出現的問題，甚至是某個直擊靈魂的個人小故事。我們被深深觸動，出現了嶄新的觀點。

只要能點出舊故事的錯誤，並展示新故事能讓事情變得更好，任何事都能是洞見。

請克制拋出一堆數據的衝動

　　然而別忘了，**數據本身不是點子**，此外，這種事是雙向的。你的提議、近況更新或建議，如果加上你仔細篩選後的洞見，將更具說服力。以這種方式讓受眾獲得新知，你會看起來很聰明，受眾也會**感到**自己增長了智慧（這種好事誰不愛？）。然而，如果你轟炸個不停，先是拋出表格，再來是圖表，然後又有圖解，太多了會有反作用，人們會感到這麼多東西，不曉得到底要講什麼，開始不想聽。

　　如果要建立有效的敘事旅程，你得花時間**找出**哪些洞見能推動故事，讓聽眾記住內容。幾個就好。

　　請壓下你的衝動，不要擺出太多原始數據。

數據 vs. 故事：一場毛茸茸的實驗

　　讓我們快速測試一下。請閱讀以下的寵物健康保險數據。先讀由事實與數據組成的第一篇，再讀第二篇。第二篇是用故事包裝的資訊。哪一個版本讓你比較記得住，更能回想？

　　來吧，我們等你讀完……

只有數據

寵物保險的市場統計數字

　　全球的寵物保險市場規模估值，2018 年為 57 億美元，2025 年將達 102 億，其中犬類為最大的保險區塊，占營收的 80.8％。在接下來的五年，犬類意外險保單的成長將最為穩定，達 6.5％。整體產業的保險範圍以意外險與疾病險為主，2018 年的營收達 54 億美元。保單通常涵蓋總獸醫帳單的八成左右。

數據＋故事

寵物主人希望保護寵物和錢包

　　這位是三十歲的曼迪遜。曼迪遜和許多寵物爸媽一樣，超級疼愛家中的拉布拉多。然而，她家的賴瑞平時要做健康檢查、打預防針，還常在狗公園跟別的狗打起來，養狗需要花很多錢！曼迪遜因此研究了一下寵物保險，她訝異原來很多人都有相同的困擾。過去一年，全球的寵物主人買了 50 億美元的寵物保險，2025 年的數字更預計會超出 100 億美元，其中大部分都是為了像賴瑞那種活力旺盛的小狗。萬一生病或甚至是發生意外，曼迪遜和其他的寵物主人就不必太緊張。萬一賴瑞要縫針，保險能負擔八成的費用。真是太好了！

簡而言之……

　　所以如何？你記住了**純數據**，還是**用故事說出的數據**？
關於寵物保險市場，哪一篇協助你獲得最重要的資訊？
如果你必須決定是否要投保，你會想起文中提到的哪件事？
事實就是大部分的人在吸收與記憶資訊時，相較於一堆
數據，以故事形式出現的資訊效果較佳。

故事總是比較好記。

所以去吧，釋放你心中的官僚所保管的數據。把你的事實
與數據放進一則小故事，讓左腦與右腦同時動起來。這樣
不管受眾是誰，你的點子都會讓人更有印象。

重點回顧

以視覺輔助故事，
背後的神經科學包括：

1

做決策時，
大腦的兩側會同時上陣

我們的右腦偏向創意與想像；左腦則
會處理邏輯，接著對應至學到的模式。
左右腦都會影響我們的選擇，但情緒
最能刺激我們的決定，而有效的視覺
元素又會激發情緒。

2

商業溝通執著於
左腦

在這個資訊爆炸的年代，今日的溝通
過度編纂。這種封閉狹隘的作法妨礙了
決策。同時動用會被故事、視覺與數據
洞見驅動的左右腦，將協助我們
找出新資訊隱藏的意義，做出推論，
避免故步自封。

3

策略性運用數據與視覺

數據與視覺元素常被濫用，但不是
敵人，反而是點子的絕佳幫手。
不過，前提**永遠**是能直接對應到
你的故事。

好了，說商業故事的科學原理至此解密完畢。
現在來挖掘說故事的架構，了解如何運用在所
有人都會碰到的日常情境。你會訝異雖然受眾
各不同，說故事的方法萬變不離其宗。此外，
為了讓各位牢記，接下來我們準備了**大量**的說
故事範例（視覺與非視覺的都有）。

準備好出發了嗎？

PART 2

好，我加入 ——

那要如何
開始說
商業故事

開始說
商業故事

　　想一想你最喜歡的電視節目。現在，回想有一次你跟機器人一樣，無意識地把爆米花塞進嘴裡，因為你全神貫注，完全被故事吸引，沒有任何一秒鐘是無聊的。事後你不斷回想劇中的**人物**，想起那棟**令人毛骨悚然的屋子**，或是**令人痛苦的衝突**。

　　或許你不是很清楚，為什麼**那個**故事的細節，在你腦中揮之不去（後文會再討論），不過從結構的角度來看，你會入迷，有一個重要的原因：

那則故事帶你踏上旅程

　　事實上，所有的好故事都會帶著受眾（觀眾／讀者／聽眾）踏上旅程。

　　所以說，究竟是為什麼，那個特定的故事深深觸動**你**，你的朋友卻在沙發上不耐煩地動來動去，不時瞄一眼手機？原因與故事的結構細節有關。那些細節提供了脈絡，引發衝突，讓你忍不住看下去，最終抵達苦澀的結局（或是能有快樂的結局更好）。

　　如果故事脈絡和你產生連結，人物令你感到熟悉，或是你認同主角踏上的旅程，你的注意力會被吸引，想知道事情會如何解決，你將記住那則故事。

所有的好故事
都會帶領受眾
踏上旅程

很好，但「脈絡」和「連結」什麼的，跟商業故事有什麼關係？

說商業故事，其實和說其他類型的故事，沒什麼不同。每一則故事都有一個簡單的架構。對，你沒看錯。每一則故事都有一個簡單的架構。

此外，不論你是《星際大戰》（Star Wars）的導演、《戰爭與和平》（War and Peace）的作者，或是製作銷售簡報，你都是在運用這個框架。如果運用得當，把故事帶到正確的受眾面前（〈第 16 章：受眾很多元……如何能讓每個人都開心？〉會再詳談這部分），那麼恭喜了，你將說出好故事。如果能把這個架構運用到爐火純青的境界，那更是能說出精彩的故事。更棒的是，**你的職涯更上一層樓的機率會提高。**

簡介

故事架構

先睹為快

哪些元素會讓故事起作用?

1

四大路標

背景、人物、衝突與
結局

2

你的大創意

你的故事希望傳達的
主要訊息。

3

WHY-WHAT-HOW

從另一種實用的觀點,
檢視四大路標與你的大創意。

不用慌,我們懂

故事的架構分成好幾個部分。本書的第二部分先以大量的例子,帶大家看
每一種元素扮演的角色,以及要放在哪裡。你的筆尖尚未落到紙上,手指尚
未碰到鍵盤,嘴巴還沒對著電話,你已經能輕鬆判斷,手上的事實、數據
與點子,應該放進故事架構的哪個地方,或是不該放進去。

第 3 章

四大路標

每則故事，都具備四個架構元素——或叫路標——包括
背景、人物、衝突與結局。這幾個路標會建立點子的模式，令人感到
熟悉、有人情味、心滿意足等等，不過最重要的是**引發感受**。如果
點子讓我們有感覺，我們就會記住（請參考〈第 1 章：腦科學
家會客室〉中所有很酷的腦科學）。

每一則好故事

全都具備

四種基本路標

每則精彩故事都有
背景

許多優秀故事的開場白就會帶出背景：

「在一個風雨交加的夜裡……」

「那是一個帶著寒意的晴朗四月天，時鐘敲響十三下。」

或是所有撐過美國高中的人，都不會忘掉這個名句：

「這是最好的時代，也是最壞的時代……」

所以設定背景能替故事帶來什麼？為什麼非得在一開頭就先設定？背景會帶來受眾立刻就認識的脈絡。在傳統說故事的形式，例如電影、書籍或戲劇，脈絡通常是某個實體空間。不過，如果是商業故事，背景通常設定在目前的狀況，例如，市場氛圍或公司的整體健全度。

設定背景的時候，你可以分享數據與趨勢，讓受眾了解你發現缺點的地方或情形（通常是缺點）。你提供的脈絡應該提供**剛剛好**的資訊，確保大家都對這次的情形有基本的認識。

背景會建立關鍵的關注點

在設定概念的時候，畫出明確的界線，方便大家共同關注

那一塊。在你拋出主要的內容之前，先讓大家理解目前是什麼情況（脈絡）。

另一種看待背景的方法是當成「迷你教育」，把鎂光燈打在你想解決的議題上（最好受眾也想解決）。

在接下來的例子，背景設定的是**選購保險的情形**。受眾被「放進」保險市場，選購的途徑包括由保險員帶領、線上做功課或親友介紹。這場談購買習慣現況的「迷你教育」，引導受眾把注意力放在保險市場的背景。

數據提供
脈絡，奠定
故事的背景

購買保險或續保時，
消費者手邊有眾多**資源**

60% 與保險員會面或拜訪 [1]

71% 在網路上研究與比較 [2]

80% 親友推薦 [3]

資料來源：PR IQ (Year); PWC (Year); PR IQ (Year)

不要低估建立背景的重要性

有了背景後，你已經準備好繼續推進故事，最後迎向結局。不過，首先你必須展示，人們如何體驗你的故事脈絡。你需要「**人物**」。

每則精彩故事都有
人物

　　爸媽第一次念睡前故事給我們聽，我們就學會愛上故事裡的人物。好奇猴喬治（Curious George）、灰姑娘、小熊維尼，這些耀眼的明星通常是人們會專心聽故事的真正原因。但為什麼會這樣？為什麼這些人物讓人如此難以抗拒？答案很簡單：因為我們是人，人物也是人（或至少被賦予人類的特質與情感）。在故事中「遇見」人物會讓我們感到熟悉。

　　我們觀察故事人物所經歷的情感時，會引發右腦的反應。大腦右側是我們儲存語言脈絡與面部表情的區域[1]。此外，也是這一區讓我們有感受。商業故事裡的人物，將協助受眾對你呈現的情境或問題，感到心有戚戚焉，他們**透過**故事人物看見自己。

人物在故事裡扮演著關鍵的角色

　　故事人物會奠定情緒元素。受眾觀察你的人物在面對某個情境時的情緒／行為反應，會引發他們的理解。你的受眾愈了解情境——以及故事人物受到的影響——他們就愈感興趣。這是推進故事的方法。

商業故事裡的人物是誰？

商業故事裡的人物，通常被描述成商業參與者，例如顧客、

供應商、夥伴、員工、關鍵利害關係人。

不論是什麼人物，你必須讓受眾一窺人物如何體驗某個商業情境或市場情境。透過這種方式，你的人物會讓受眾獲得一定程度的洞見與理解。

以我們的保險故事例子來講，人物即是**消費者**。

購買保險或續保時，
消費者手邊有眾多**資源**

60% 與保險員會面或拜訪 [1]

71% 在網路上研究與比較 [2]

80% 親友推薦 [3]

資料來源：PS IQ (Year), PWC (Year), PS IQ (Year)

讀者是這則故事的人物

　　然而，說到這你可能會想：人物？等等，我又不是好萊塢編劇，我是工程師！（或是數據科學家、銷售員、行銷專員）。好，所以我們再多了解一點細節，了解每個人的商業世界如何能運用這個元素。

小訣竅！

不必害怕結合背景與人物。在許多的商業溝通，這兩個路標可以混在一起，變成一個想法或一個點子，以更快的速度建立脈絡。本書的許多範例都是這樣。不是每個路標，一定都得有獨立的投影片。一張投影片就能同時放進故事的背景與人物。

不論何種商業故事，
一般均以三種方法介紹人物

有姓名的人物

你顯然可以選擇這個作法。就是字面上意思，你虛構一個人，幫他取名字，放進你的市場設定。以下介紹「班」給大家認識。他在工作時，用的是私人手機，而我們懂那是什麼情形！

這位是班。

他和
40%的美國員工
一樣，在工作時使用
自己的私人裝置

有姓名
的人物

沒有姓名的人物

接下來是同一個故事，但換成沒有姓名的人物。這個手機範例和剛才一模一樣，只是人物從「班」變成「美國員工」。沒有姓名的人物例子包括群眾。我們不認識這群人，但我們自己就是廣義的大眾。介紹商業故事的人物時，這是最常見的方法，因為通常用起來比較安心。以哪種方式介紹人物，沒有對錯，重點是必須創造人物。回想一下前面的保險故事，你會發現該故事也使用沒有姓名的人物。

40% 的美國員工

在工作時使用
自己的私人裝置

没有姓名
的人物

由你擔綱演出

　　最後一種方法是由**你自己**上場。此時你講出發生在自己身上、和
整體的主題或訊息相關的故事。專題演講、TED 演講，或是某種
人們願意把自己放進故事的情境，通常會這麼做。這是一種很好的
方法，能替你的數據增加情感吸引力，與受眾產生更深的連結。

　　你的故事要如何介紹人物，最終由你判斷，主要看你的受眾與
你想呈現的內容類型。說商業故事的人士，大都會實驗一下，找出
在不同的脈絡下，哪種方法的效果最好。

　　不論你選哪種方法，關鍵是打造故事時，你要展現人物是如何
受到背景影響。不過，如果想讓受眾真正關心的話，你需要**下點
猛藥**，讓人看到你的人物正在遭遇什麼事。**你需要衝突。**

每則精彩故事都有
衝突

衝突，光聽到這兩個字，就讓人很不安，對吧？但奇妙的是，人類非但**不會**討厭衝突，甚至**渴望**看見**衝突**。隨便掃視電影奧斯卡獎、小說普立茲獎（Pulitzer）、劇場東尼獎（Tony）的作品，或是任何想得到的崇高獎項，你會發現事實擺在眼前：所有的優秀故事都隱含衝突。

衝突的本質有可能落差很大。有的是大事，有的是小事。有的近在眼前，有的藏在角落，有的則是未來的隱憂，但無論如何，要是少了某種衝突或緊張，你的故事會就沒有看頭了。

故事究竟會讓人「超興奮」，還是「看完就忘」，衝突扮演著很重要的角色。你設定的背景或許很有趣，甚至有幾個讓人感興趣的人物，但要是少了某種衝突，會讓人心想**「所以呢？」**，於是什麼事都沒發生……而**沒發生某件事**的話，就沒有成長的可能性，缺乏前進的理由，不會迎向令人滿意的結局。

衝突會帶給受眾關心的理由
——往前靠、認真看。

　　缺乏衝突的傳統故事很無聊，而缺乏衝突的商業故事除了無聊，根本是在無意義地浪費時間。衝突會帶給受眾關心的理由——身體前傾、仔細聆聽。開會是在浪費時間的主要原因（或是不必要的電話、電子郵件），就是**少了**定義明確的衝突。受眾滿頭問號：現在要解決什麼問題？為什麼我們人要在這裡？世界各地的組織，每一天都在發生這種事。**你的組織也一樣。**

衝突帶來保證（帶人前往應許之地）

　　不過，在你開始焦慮之前（剛才一直在談衝突，有可能讓你想起上次和家裡的小朋友／青春期孩子的累人爭執），別忘了商業故事裡的衝突不僅有趣，還令人心安。不論你的受眾是上司、顧客或同事，他們會因此知道，你掌握了某個有意義的問題。更好的情況是你提出的事實、數據、點子，證明你了解**他們**遇上的問題（而且正在試圖解決）。

　　想一想高階主管的世界：到處都是問題，但高階主管知道，隱藏的問題遠比明顯的問題可怕。唯有先找出問題，才有辦法開始解決。

揭曉故事裡的衝突，你將二度變身
為英雄——第一次是當你找出問題。
接下來，你提出解決的辦法，
再次成為英雄。

進一步探討衝突的方程式

　　說商業故事的時候，衝突再關鍵不過，值得進一步定義。描述
商業衝突的時候，你描述的會是當下的情境，目前正在發生，
有這麼一回事，屬於今日的「舊聞」。不和諧的主要原因，在於目
前的情況阻礙了機會或可能性，無法通向更美好的未來。任何衝突
都該指出當下情境的不和諧或不足之處。

　　典型的商業衝突是競爭者的活動。想像你任職於保全公司，你要
向公司高層彙報。公司多年來都認為，只瞄準小型企業客戶就夠了，
但你們的主要對手因為服務更大型的企業，搶下很大的市占率。
你希望高層能醒悟，知道自己正在忽視寶貴的市場區塊。你想讓高
層看到，他們固守熟悉的行銷模式（也就是現況），這點有可能成為
未來的隱憂。如果要讓高層改變策略，**高層必須感受到緊張的情勢。**

打破現狀的方法是衝突

　　在沒有更理想的其他選項時，領導者有可能傾向於守
舊。如果要改變領導者的心態，衝突扮演著關鍵的角色，
因為當你成功建立衝突，你將創造出一個短暫的提議時
機，此時人們更可能接受較佳的作法。

　　讓人看見衝突是打破現狀的方法。

衝突升溫策略

你把衝突放進故事的時候，可以考慮引入一連串的小衝突，
這些衝突愈演愈烈、甚至最後升溫成更大的衝突。以剛才

目前的情況
（舊故事）

機會／更好的未來
（新故事）

的保險故事為例，第一張投影片介紹衝突，強調買保險的流
程有多複雜。衝突在下一張投影片升溫，目前看起來未來不妙，
很難觸及下一代的保險購買者。這是典型的商業衝突例子——
從前做生意的老方法正在失靈（提醒：以下的衝突投影片是從整體
的故事中抽出幾張，前面已經設定好背景與人物。完整版的故事請
見〈第 6 章：全部整合在一起〉）。

在這裡
放進衝突

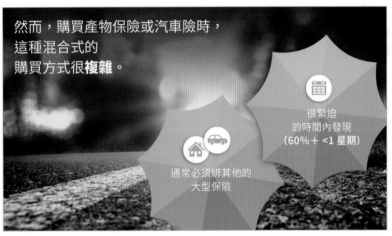

衝突在
此處升溫

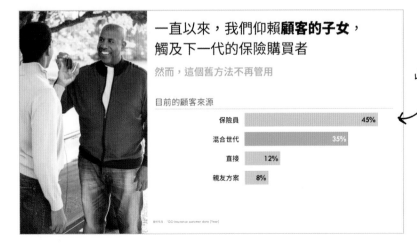

介紹完衝突後，快速前進

　　好的商業故事就像食譜。你是主廚，

　　把衝突加進故事時，這個調味用的胡椒加太多或太少都不好。
背景設定好之後，你已經讓大家關注特定的市場情形。有了人物
後，你已經說出在這個市場情境，個人或民眾碰上哪些遭遇。加
進衝突後，你等於點出了目前的問題。以上的步驟都完成後，你已
經揭曉舒服的舊現況有哪些隱憂。不過，你尚未指出還能走哪條
路……等一下才會介紹。前三個路標成功讓受眾感到不安。
很好，你的任務達成了。

　　講故事的高手知道，放多少衝突將足以引發關注──與關切──
但高手不會過頭。若是喋喋不休情況有多糟，輕則令人不快，
重則讓人感到被指著鼻子罵。混合適量的背景、人物與衝突後，
你將找到脈絡的甜蜜點，準備好提供受眾在等待的關鍵報酬：
最後該如何解決的結局。

前三個路標
讓受眾心生不安。
很好，你的任務達成了。

每則精彩故事都有
結局

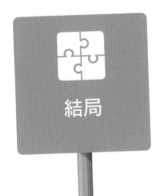

結局帶著你的人物——與你的受眾——安然度過衝突。呼！你在此時揭曉新機會，組織能前進到更美好的未來。

那麼商業故事的結局長什麼樣子？結局是重中之重，是你的故事最重要的核心。對銷售人員來講，結局是指產品或解決方案的功能與好處。對顧問來講，結局是解決問題的直接作法（與時間線）。對於提供近況更新的產品經理來講，結局是促進產品成長的建議。

利用以下幾種方法，
與明日的保險購買者**建立關聯性**

簡化	量身打造	差異化
發現過程	顧客體驗	我們提供的產品

這是結局

以剛才的保險公司為例，公司希望觸及下一代的保險購買者，那麼收尾的方式，將是提出接觸新消費者的策略。這樣的結局直接處理先前提到的衝突（流程讓人弄不清楚該如何購買保險），提議該簡化、量身打造與說清楚公司提供哪些產品。在這之後，可以加幾張後續的投影片，進一步解說這幾種解決方案。（注意先不用急！下一章會讓四大路標全部登場，從頭到尾解釋完整的保險故事。）

大部分的人通常會從哪一個路標開始？

如果你猜「結局」，答對了！我們都想要快點抵達結局。然而，快速行動的意思，不是從結局著手。**一開始就講出結局，不是說故事的理想方法。**

以這裡的保險故事為例，如果先點出辦法，故事就會走味。除非是受眾已經了解，目前的作法開始行不通，要不然他們絕對會懷疑，**為什麼**有必要「與明日的保險購買者」建立關聯性。

如果《綠野仙蹤》（The Wizard of Oz）的故事，開頭就塞給你結論：「家是世上最美好的地方」，那不是很怪嗎？為什麼我們要關心某個堪薩斯州的少女是否回到家？要不是因為我們先看到，這個小女孩因為龍捲風迷路，一路上交到朋友，遇上嚇人的怪物最後又碰到假巫師，我們根本不會關心。我們會關心是因為我們和故事主人翁桃樂絲（Dorothy）一起踏上旅程，最後苦盡甘來，終於可以返家。

在商業溝通中，我們太快就開始聊自己──一般會立刻談起解決方案／產品／公司──完全跳過建立脈絡的環節。我們忘了告訴所有人，為什麼那些東西很重要。

但等一下，我不一定有充裕的時間講那麼多

許多人會感受到不耐煩的聽眾帶來的壓力（請見〈第 15 章：你有五分鐘時間向高層報告……計時開始！〉），於是認為必須**快點**拋出重點。然而，說商業故事的意思不是強迫受眾浪費時間。沒錯，你應該盡快說到重點，但速度快的意思，不等於劈頭就講出結局。

你永遠必須替受眾建立脈絡——包括添加一絲緊張氣氛——這樣受眾才有關心這件事的理由。如果不關心，他們無心聽你的方案細節。

你必須想辦法讓人期盼聽到結局。

> ## 講快一點的意思，
> ## 不是劈頭就講結局。

故事路標的出場順序很重要

　　說故事的前三個路標──背景、人物與衝突──要以什麼順序登場都沒關係。事實上，許多故事會從衝突開頭，在還沒細看任何人物或背景之前，就先拋出震撼彈。

　　想一想有多少部電影的開頭，有人在死命奔跑，試圖逃離危險！你心想：那個人是誰？他在哪？誰在追他？**為什麼我忍不住想追下去？**以衝突開頭是很有效的說故事技巧。

　　商業故事也一樣。你可以從人物開始，接著設定背景，再拋出衝突（或是任何順序都可以），但原則還是一樣，結局永遠要放在最後。

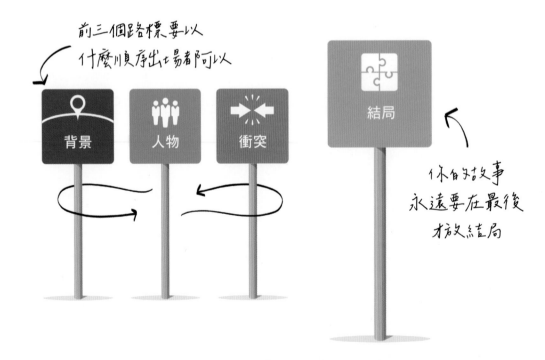

前三個路標要以
什麼順序出場都可以

背景　人物　衝突

結局

你的故事
永遠要在最後
才放結局

簡而言之……

從另一種角度看四個路標

　　好了，現在說故事的四個路標都有了——很酷，對吧？我們知道很酷，但也知道很多人讀到這，仍然需要被說服。你忍不住一直幻想，人們聽見你在講故事，不耐煩地抱怨：**「好了好了……直接講重點就好。」**

　　我們聽見你擔心的事，再忍耐一下。接下來我們會以稍微不同的方式，看這幾個故事路標，進一步了解每個路標在故事中扮演的隱藏角色——為什麼每個路標都與推動故事有關。你將徹底了解，故事架構的各部分是如何環環相扣，傳遞出你的訊息，最終讓人接受你的點子。

第 4 章

商業故事的WHY、WHAT、HOW

找出該放進哪些事實、數據、點子，判斷重要程度與順序時，另一種有用的方法，就是確認**每一樣**都會替你的故事帶來 WHY、WHAT 或 HOW。

WHY 包括背景、人物與衝突

前三個路標是故事的 WHY，你趁機展示點子、數據與洞見，建立為什麼該關心結局的理由。看你有多少時間來決定，可以用口頭或視覺的方式，用三十秒、六十秒或更長的時間，展示你的 WHY。沒錯，你也可以五分鐘搞定，對著一起搭 Uber 的人說出你的 WHY，讓他們關心對你創新的產品點子。

結局是你的 HOW

如果你已經明確建立起 WHY，此時你已經給（被困在車內）共乘同伴該在乎的理由（希望如此）。然而，馬上就要下車了！目的地快到了，你必須**快速**說出結局，也就是故事 HOW 的部分，例如**你的**新型服務、解決方案或產品，將如何解決問題（衝突）。上帝保佑的話，你已經成功讓車上的人關心那個問題。

但等等⋯⋯稍安勿躁

衝向結局前，還得做最後一件事。（哎呀，差不多該下車了！）每

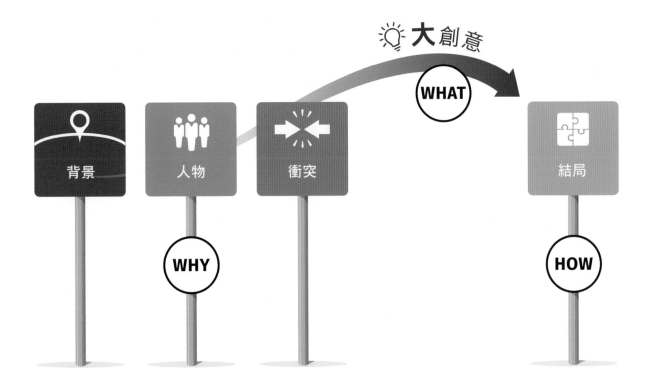

一個讓人感興趣的故事，全都有一個少不了的關鍵訊息。在你說出結局之前，必須先講那件事。你要在受眾心中埋下種子。讓他們下車後，還會想起你提議的點子。

WHAT 是你的大創意

每一則好故事都需要**大創意**。不可能你說什麼，受眾全會記住。萬一他們只記得一件事，那件事必須是你的大創意。大創意是故事的 WHAT。

雖然這個搭車的商業情境，以及其他許多時候，你沒時間細講，你絕對需要**大創意**，因為當你成功介紹衝突——也就是你已經讓受眾關切後——你引發不舒服的感覺。人們心想：「**哇，我明白了，那絕對是問題。**」目前為止，你都做對了。

然而，這下子人們希望馬上能有某個東西，協助他們擺脫那種不舒服的感覺。他們需要進一步的心理**橋梁**，協助他們走過衝突，接受你說的結局。

你的**大創意**能滿足那樣的渴望，讓人感到太棒了，就是要這麼做。人們因此會記住你提出的事。

你需要大創意——
無論如何都要讓受眾記住的一件事。
（因為人們不可能一字不漏地記住你的話。）

你的受眾需要

心理橋梁

協助他們走過衝突
接受你說的結局

（也就是你的大創意）

第 5 章

你的大創意

　　大創意很重要，所以讓我們深入探討一下，故事的大創意**到底**是指什麼？因為你可能心想：等等，我有**好多**大創意。你的確創意無限，但講商業故事的時候，要有一個符合主題的大創意，一個就好。那個大創意激勵人心，很深刻，**有辦法執行**，預先點出故事的走向。另一個方法是把大創意想成電影的預告片，閃過幾個讓人想一探究竟的關鍵畫面，就像是在透漏：「**好了，再忍一忍，重頭戲即將出現……**」

可是差不多了！為什麼不能直接破哏？

　　你已經建立好精彩故事的脈絡，提出令人不安的衝突，受眾關心你說的事。不過，精心設計的故事還會提供深刻、讓人心動的大創意，讓受眾忍不住一直聽到最後。你的大創意必須是你希望受眾會記住的一件事。

大創意是簡單、

對話式的陳述

總結你的故事，
說出重大好處

大創意範例

　　以下是幾個商業大創意的例子，看是要用口頭或視覺的方式呈現都可以。請留意這些例子很簡潔、不使用術語。至於該如何組織大創意，進一步的探索請見〈第 8 章：輕鬆打造大創意〉。

我們必須投資更多的方案，想辦法留住高階人才

新的薪酬結構能協助我們找回利潤

我們來結盟，重新打造供應鏈流程

你需要安全的儲存空間，保護每位員工裝置上的業務資料

為了擴張全球業務，我們必須特別留意跨境購物者

好了，再回到先前的保險故事。在確立 WHY 之後（接觸下一代保險購買者的前景不妙），故事提出**大創意**，不過此時尚未揭曉 HOW：

為了觸及**明日的保險購買者，**
我們需要在他們的購買流程中建立關聯性

大創意
在這

這個大創意暗示即將到來的結局：一系列**建立**顧客關聯性的策略與戰術。如同這個例子，乍看時，人們會察覺這件事並不難辦，感到心安。與其在提出衝突後，就開始講解詳細的圖表或頁面，塞滿條列式重點，這種搭配主題背景照片的簡單一句話，能讓受眾準備好迎接你的複雜細節。記得先提出這種簡單好記的訊息。

簡而言之……

　　不論你能發言的時間是一分鐘、五分鐘或三十分鐘，永遠都該花時間建立商業故事的 WHY，拋出你的大創意（WHAT），接著強而有力地公布結局（HOW）。這麼做能確保經過短暫的 Uber 搭車之旅、商務聚餐，或是某場關鍵的虛擬會議後，你的訊息會被充分吸收與記住，並且**每次都能成功**。

第 6 章

全部整合在一起：
範例故事

現在你知道，好故事永遠包含 WHY、WHAT、HOW。讓我們用鳥瞰的鏡頭，看一下剛才的保險故事，了解全部的故事元素該以什麼樣的流程出場。首先多提供一點背景：GO 保險公司是深受民眾信賴的房屋與汽車保險品牌，代代相傳五十五年了。

背景 & 人物 —— 衝突

結局

然而，如果 GO 想**繼續**成為家庭顧客的首選，就得配合千禧世代與 Z 世代的習慣。這兩個世代購買保險的方法，不同於他們的母親與祖母。

　　這則故事始於明確的 WHY。人物（消費者）與保險購買背景一起登場，介紹民眾如何購買保險。接著衝突登場，解釋買保險是**多複雜的**一件事，再用數據讓衝突升溫，證實接觸新消費者的管道正在消失。再來是揭曉 WHAT（大創意），解釋 GO 保險公司必須與明日的保險購買者建立關聯性。最後是 HOW（結局），清楚解說細節，並於結尾時重申大創意，讓故事首尾呼應。

　　這則故事以十張投影片的方式呈現，不過別忘了，商業故事能以形形色色、或大或小的方式登場。後文會提供更多例子。

重點回顧

基本的故事架構

同志們，全部上場的時刻到了

現在你懂了。我們已經逐一解釋組成
結構完整的故事各個的元素。
這裡再回顧一遍基本的故事架構。

1

四大
路標

每則故事都該具備
四大路標（背景、人物、
衝突、結局）。

2

前三大路標
一定要先登場

路標登場的順序很重要。
前三個路標是開場白（任
何順序都可以），解釋為
什麼大家該關注你的故事
（WHY）。看是要用口頭或
視覺的方式表達都可以。

3

有一個
大創意

你希望受眾記住的最重要
的一件事為何？用一句
對話式的簡單陳述，説出
你的大創意，點出故事
的 WHAT。

4

用大創意
緩解氣氛

故事的衝突登場後，接著
便是緩和氣氛。提出你
的大創意來解決衝突，
預告結局會講什麼。

5

最後，
揭曉你的結局

第四個路標是結局。詳細
解釋你的特色、解決方案
或建議如何能解決問題
（HOW）。

PART 3

謝了，基本道理懂了。

還有什麼工具能幫助我？

第 7 章

用生動的標題
推動故事

恭喜。你已經有說出好故事的基礎架構,甚至看過幾個真實的商業故事如何開展,包括故事的 WHY(背景、人物、衝突)、WHAT(大創意)以及最後的 HOW(結局)。別忘了替〈第 6 章:全部整合在一起〉插進書籤,隨時回去參照。如果還想看商業溝通如何說故事的例子,整個〈PART 4:見證魔法時刻!如何在日常商務情境裡說故事?〉,都可以當成參考。

你已經準備好進入下一個階段了。現在基本的要素都有了,讓我們善用**利器**,來保證故事向前推展。

向各位介紹:生動的標題

你在溝通一頁大綱、電子郵件或簡報投影片時,標題的作用是將最重要的概念置於其他內容之上。標題能做到三件重要的事:一、引導受眾的關注點;二、協助你控制敘事;三、確保故事不斷前進。聽起來有些複雜,但只要你這輩子讀過報章雜誌,相信你再熟悉不過了。從《紐約時報》(The New York Times)到《富比士》(Forbes),再到《快公司》(Fast Company),每一則新聞報導都會用標題吸引讀者的注意力,在最開頭的地方,就宣布這篇報導會講什麼。

標題是對話式的陳述，
它能濃縮你的洞見，
並協助推進故事

原理和所有的新聞報導是一樣的。你的標題要抓住關鍵的概念或洞見，擺在最上方。

簡報投影片很適合拿來說明，標題是如何推進故事的。每一張投影片都讓你有機會放進有力的標題。全部加在一起後，變成某種接力賽。每張投影片的標題，把故事的「接力棒」，交給下一張投影片的標題，一棒接著一棒，跑過故事的每一個路標，一路把故事帶往「終點線」。

這**就是**標題極度重要的原因。標題能傳遞強烈的脈絡訊號——與視覺訊號——讓受眾知道故事講到哪了、你準備去哪裡。如同任何聳動的新聞標題，標題會強烈吸引著讀者／觀眾／聽眾，拉著他們聽你想講的下一件事。

標題超有用（那為什麼語焉不詳的標題，依然隨處可見？）

如同燈塔的光線會吸引船隻，標題（headline）能吸引注意力。如同奧運的接力賽不斷交棒，標題能帶著故事一直向前。即便如此，商業人士通常沒能善用標題，反而使用沒什麼成效的籠統**標題（heading）**。

兩種標題的關鍵差異，看簡報投影片就知道。一般的投影片標題通常會跳出**「後續步驟」**、**「營收」**，或是最典型的無聊標題：「近

況更新」。我們全都看過這類型的投影片。沒錯，那種標題放大了字形，也加上粗體，比其他的字詞或圖片顯眼；然而，那種標題沒幫上忙。就算看到了，你也絕不會知道那張投影片有什麼**新聞價值**。這樣的標題無法推動故事。最糟的是，大家還會被迫多花力氣，努力猜你到底想說什麼。

那種標題是在浪費黃金位置。

然而，在你扮起記者、開始寫生動的投影片標題之前，先從三萬英尺的高空看一下，標題放在一起長什麼樣子。標題之間相互連結的重要性為何？（提示：這非常重要。）

生動標題是整個故事的大綱

擅長溝通的人士，有一種最令人印象深刻的能力：他們能侃侃而談，流暢地串起概念、事實與數據，帶著受眾踏上旅程。巧了，你猜怎麼著？

生動標題有如故事旅程的「GPS 路線圖」。

一旦找出關鍵的故事元素後，下一步是打造標題。神奇的是，串起標題後，你就有完整的故事大綱。你怎麼知道做對了？你怎麼**單獨**看每一個標題，不去管附帶的內容或視覺輔助。標題是否明顯推動故事前進？是否讓故事產生動能？如果有的話，你已經完成故事的大綱，有路線圖了，現在可以開始填進其他想法。

此外，路線圖出爐後，對於每一位與會者來講，你的標題就是他們的關鍵指南。

生動標題是故事的組織框架

受眾迷路時，標題能引導他們

這裡要再三強調，生動標題能帶領受眾，一路跟著你走完全程。想一想這個常見的場景：

你開會遲到十分鐘，躡手躡腳進會議室（或虛擬會議）。前五分鐘你壓力很大，忙著搞清楚剛才錯過什麼，畢竟遲到也就罷了，一副**搞不清楚狀況**的樣子很丟臉。

煩死了！我錯過什麼？故事講到哪了？報告人已經分享重要細節了嗎？

如果你無法立刻判斷，眼睛慌亂地掃視投影片，八成是因為上面寫的是呆板的標題，例如：**「第一季更新」**、**「議程」**、**「市場規模」**，你從中什麼都看不出來。然而，如果是資訊豐富的標題，你立刻就能進入情況，例如：**「第一季由虧轉盈，大勝前兩季」**。

標題能引導說故事的人（沒錯，就是你）

故事常會講著講著就失焦了。有時是你碰上不耐煩的高層，對方要你跳過現在講的這一段；有時是一起報告的組員離題了；甚或是

午餐送達，與會者的注意力跟著跑掉。當有 GPS 的時候，最大的受益者會是講故事的人，標題能讓你回歸正題，靈活應對無法預測的受眾（有哪個受眾是可控的？）。

　　基本原則：標題是巧妙的簡單提示，協助你說出故事，掌握節奏，條理分明，離題時永遠能拉回來。

寫出好標題的指南

　　你在下標時，永遠可以發揮創意，但不能脫離標題的主要用途：推進故事。好的標題簡潔、明確、有如對話。

　　以下是寫出有力標題的幾個訣竅：

簡潔	明確	有如在對話
簡明扼要，去掉不必要的字詞。修改！修改！再修改！	放進受眾會感到有意義的關鍵數據點、時間元素、計量單位。	大聲念出你的標題──聽起來要自然，避免使用術語。如果沒啥靈感，想像如果你的投影片或電子郵件能說話，它們會說什麼？

先有標題，才有視覺元素

只要是視覺故事，不論是執行摘要、簡報投影片或一頁長的概論，先想好你的標題，**然後**才打造視覺元素。因為你的標題，也就是故事的大綱，理應直接影響著你的視覺元素選項。所以說不論你有什麼點子，當然可以都記下來，但在你設計任何事之前，最好先有標題的雛形（提醒：視覺元素的好點子會於接下來的〈第9章：五種歷久不衰的故事視覺化法〉介紹）。

來吧！把零分標題改造成好標題

剛才我們大力鼓吹好標題，抱怨無關痛癢的標題，所以現在就來看，在我們的日常商業溝通裡，兩者有多麼不同。左欄是籠統的標題，基本上沒告訴我們任何事，我們將之改造成右邊的標題。這種能推動故事的標題，才具備新聞價值，讓人想一探究竟。

看出區別了嗎？

零分標題	我們要的標題
營收	推出雲端後，營收在過去 3 年飆升
近況更新	X 專案準備好在第 4 季上線
時間線	我們預備分 3 階段推出
消費者行為	大部分的消費者在聖誕佳節購買或更換行動裝置
執行時間線	趨勢顯示，精確的執行時間是 3 ～ 6 個月

多加幾個字是有意義的

好了，現在來講大家心照不宣的問題。沒錯，理想標題包含的字數比零分標題多，因為理想標題需要塞進更多資訊，**明確**告知受眾需要知道的事，或是告知看到你分享的資訊後，應該採取什麼行動。你因此做出取捨。你讓受眾在投影片的標題（或是電子郵件的主旨欄、書面提案等等）**讀了**更多字，但這些字替故事增添了很大的意義。如果你提供有價值的**重要內容**，而不是一堆虛字，每個人都會感激你，甚至鬆一口氣。

把有效的標題放進你所有的商業溝通，你就再也不會白白浪費寶貴的投影片空間、電子郵件主旨欄或投影片換頁時說的話。

你要努力言之有物，引發好奇心，推動故事向前。

努力不會白費。

依據你的故事架構打造標題

讓我們再次回到說故事的架構，引導你打造優秀的標題。以下幾個例子是對應到四大路標的「起跑」標題（**大創意**的標題範例請見〈第 8 章：輕鬆打造大創意〉）。

你的內容如果能一目瞭然

人們不需傾身向前理解，

人人都會感激你

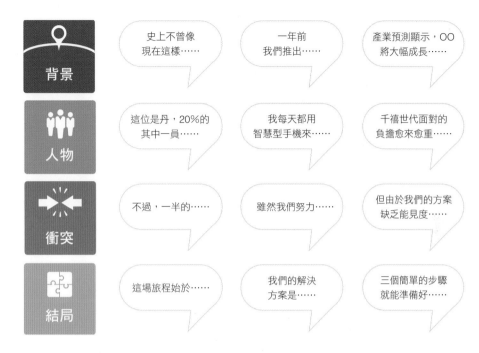

觀察一下，以上每一句標題使用的語言，如何搭配各自的路標？故事背景的標題，用了中立的語氣。如果是與故事人物有關的標題，由人來帶動情節，描述受眾會有同感的族群。此外，描述衝突的標題，帶有緊張與負面的氣氛，用「不過」、「雖然」、「但」等字詞，暗示故事將出現轉折。

簡而言之……

生動標題是重要的說故事工具

好了，現在你懂了。生動標題是說故事的強大工具兼 GPS 路線圖。別忘了替每一個圖表或你列出的條列式重點加上標題。你寄的每一封電子郵件，也要加上有效的標題，此外，也替你帶領的任何虛擬會議，加上口頭的「標題」。**標題要能帶動每一場商業對話。**

第 8 章

輕鬆打造大創意

你說故事的工具箱愈來愈豐富了。

本章會進一步看〈第 5 章：你的大創意〉談的大創意概念。
大創意是你說的每一則故事的核心與靈魂，一定得吸引人與一針見血。

你放進故事的每一條事實、
點子或數據，
不論有多小，
一定得和你的大創意有關。
每一條都得有。

既然你的故事命運，主要得看大創意，我們來進一步探討什麼是
大創意，又要怎麼做，才能讓大創意擲地有聲。以下是大創意的四
個關鍵特徵：

大創意的四個關鍵特徵

1. 你的大創意要處理故事中的衝突

　　故事的前三個路標（背景、人物、衝突）是故事的基礎，非常重要。記住，這關係到**為什麼**受眾會關心你提出的問題（衝突）。如果受眾不關心你說的衝突，他們也不會在意結果。

　　立好前三個路標後，一定要告訴受眾別擔心，這個問題有解。**以下是你的大創意。**

　　你的大創意與衝突，有如相生相剋的陰與陽。如果你不知道自己的大創意是什麼，八成是因為故事缺乏明顯的衝突。你在醞釀故事時，要**趁早**發現這個重要的訊號。

2. 你的大創意要提供洞見

　　最有力的大創意給人很大的希望。你讓受眾一窺未來時，以激勵人心的方式，向受眾**預告**有更新、更好的機會。我們在前面的〈第2章：數據不是惡霸（沒錯，雖然有時會用過頭）〉，介紹過洞見如何帶我們前往更美好的未來，大創意的作用就在此。故事裡的其他每一個洞見，全都**衍生自**你的大創意。此外，如同世上所有的優秀洞見，你的大創意要讓受眾的想法出現轉變──從而改變心態──走向**你**需要的思維。

3. 你的大創意必須是可付諸行動

大創意讓你的洞見變得可以付諸行動。你已經帶受眾走過前三個說故事的路標。每個新洞見建立在之前的見解上，層層推進，受眾愈來愈了解目前的狀況或問題。人們夠清楚時自然會問：**那接下來要怎麼辦？**

大創意是轉折點，
你的洞見變成行動呼籲。

你必須用**簡單一句話**，就讓受眾知道該知道的事，或是該做的事。找對那句話，受眾就會好奇地靠近，想知道你的計畫細節（結局）。

4. 你的大創意要完全聚焦於受眾

這點很重要（通常也很難做到）。受眾只會接受以他們為主角、替他們的需求著想的大創意，所以你該如何克制自己，不要一直談，嗯，**你自己**？試試看這麼做：永遠不要在你的大創意裡，放進你的公司名字或產品名稱（對銷售人員來講，這點尤其困難）。具備強大影響力的大創意，永遠不會繞著單一產品或某間公司打轉，重點**永遠**是背後更大的概念。

而那個更大的概念，才是決策者重視的事。

來吧，打造大創意

準備好捲起袖子打造大創意了嗎？以下是你需要知道的事。
大創意分為兩部分：

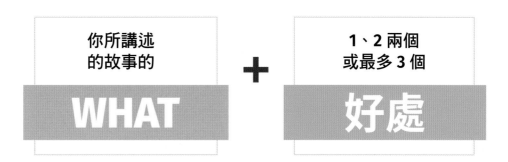

大創意是一句簡潔、明確、有如對話的陳述，濃縮故事的 WHAT，
再加上幾個重大的好處。

記住，你的大創意一定要鼓舞受眾，直接解決故事中的衝突。
不過，大創意還有一項額外的任務：提及幾個（一兩個就好）重大
的好處，**預告**最後的結局。我們建議數量不要超過三個。

如同標題一樣，你的大創意要很流暢。測試方法是務必大聲講
出你的大創意（就好像在說給朋友聽一樣），是否能讓人一聽就懂？
聽起來像在對話嗎？是否很容易脫口而出？

讓我們來看幾個大創意的實例。這裡的例子取自真實存在的公司，
以下化名為天堂科技。

個案研究

不過首先，先介紹一下脈絡

　　天堂科技的服務對象是機場，提供二十四小時的全天候技術支援，確保機場裡的所有螢幕都順暢運作。天堂科技的資深技術支持長艾力克斯・富恩特，這次有機會在財務長面前報告。艾力克斯注意到公司的晚班利潤正在萎縮，有意調整服務技術人員的薪酬制度，希望財務長批准。他有十五分鐘陳述理由與取得同意。

　　如果要解決問題，艾力克斯必須先解釋為什麼公司：a）正在賠錢，以及b）獎酬制度缺乏效率（造成利潤損失）。解釋完這部分，才提出大創意。

　　以下是艾力克斯提出的三種大創意版本。請留意只要「**WHAT**」與「**好處**」直接與故事的衝突相關，兩者的出場**順序**沒差。

版本 #1	新的薪酬制度 能協助我們 找回利潤
版本 #2	我們需要用 新的薪酬制度來 找回利潤
版本 #3	為了 找回利潤，我們需要 新的薪酬制度

WHAT　　好處

大創意可以是金句（但不強迫）

　　金句是什麼意思？比起典型的「WHAT+ 好處」陳述，金句式的大創意因為縮減元素的數量，**更像對話**。金句保留 WHAT 的部分，但不提**好處**。此外，金句通常以口語的方式表達，很容易朗朗上口。金句使用的語言，讓人感到很口語又很熟悉。精彩的金句在會議或報告早已結束後，受眾依然有辦法重述。

注意：只有在渾然天成時，才使用金句型的大創意

　　金句不是必要的，**永遠**不該是硬擠出來的句子。使用金句式大創意的前提，是一定要能清楚強調原始的「WHAT+ 好處」陳述，提供助力，以更像對話的方式溝通你的大創意。再強調一次，如果恰巧有很妙的金句，那很好……但不要花無數小時搜索枯腸。

以下再多提供幾個大創意的例子：

大創意（**WHAT**+ 好處）	大創意金句（非必要）
我們需要 執行績效追蹤儀表板，改善商業結果	讓我們按下「按鈕」
擁抱永續發展將協助我們滿足顧客需求，維持我們的領先地位	「做環保」的時候到了

WHAT	好處

請留意這裡的**大創意**金句，只放進 **WHAT**（不提好子處）

從以下提示獲得靈感

　　大創意是你想傳遞的一切訊息的基礎。別忘了，聽起來自然的前提，是你要用「說話」的語氣去思考，而非「書面」語氣。以下是幾個大創意的提示，希望協助你找到靈感：

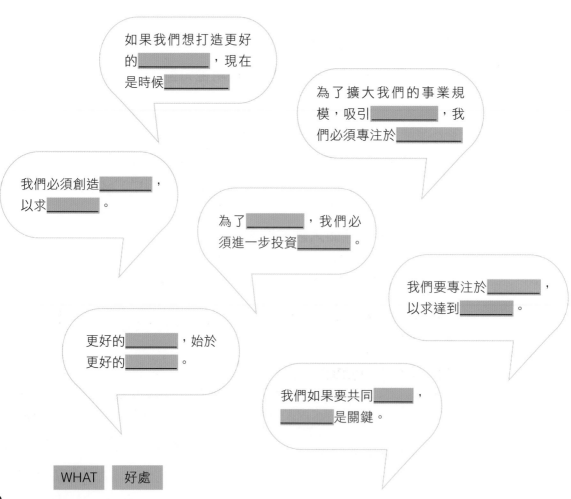

大創意檢查表

我們來總結一下大創意的概念。效果弱和效力強的大創意，兩者**主要的**差異如下：

效果**弱**	效果**強**
✗ 囉唆	✓ 簡潔
✗ 使用術語／不熟悉的縮寫	✓ 對話式（用平常使用的口語表達）
✗ 沒放進故事的 WHAT	✓ 放進故事的 WHAT
✗ 沒提到明確的好處，或是放太多好處	✓ 明確的好處（1、2 個就好，最多 3 個）
✗ 很難記住與轉述	✓ 容易記住，方便與他人分享
✗ 受眾沒興趣問「該怎麼做？」，或不會請你「多說一點」	✓ 受眾往前靠，忍不住問「那要怎麼做？」，或是希望你「多說一點」
✗ 無法流暢銜接背景／人物／衝突與結局	✓ 順暢地從背景／人物／衝突，一路連接到結局

簡而言之……

現在你已經學到基本的故事架構，也看到如何運用生動的標題、如何打造大創意。有了這些工具後，你已經準備就緒，可以讓說故事的能力更上一層樓。接下來會探索幾個經過實證的方法（配上大量的例子），帶大家了解如何以視覺的方式一起應用。

第 9 章

五種歷久不衰的故事視覺化法

我們生活在視覺化的世界。公路上的廣告招牌、電視廣告、永無止境的社群媒體動態,隨時用訊息轟炸我們。然而,仔細觀察後,你會發現可不是隨便什麼五彩繽紛或漂亮的東西,就能讓人記住訊息。

聰明的視覺元素經過巧妙的設計——引起注意,讓我們採取行動

同樣的道理,也能直接套用在商業溝通。精心設計的視覺呈現能強化我們提出的洞見與建議,方便理解與記住,也更可能讓人採取行動。

為什麼視覺呈現能強化記憶？

在〈第 1 章：腦科學家會客室〉出場的麥迪納告訴我們，如果要了解為什麼人類能記住視覺呈現的程度，高過口頭表達或書面文字，將得在神經科學找答案。麥迪納發現資訊一樣時，相較於書面或口頭的版本，如果概念以視覺的形式表達，大腦的處理速度會快上許多。視覺呈現能替你的點子增添人味，觸動情緒與感受，而情緒又會刺激行動（程度勝過只講求邏輯）。

另一方面，如果是令人分心或無聊的視覺呈現（例如塞滿純文字或數字的頁面或螢幕），我們的情緒則會鈍化，放緩決策的速度。

很遺憾，商業溝通充滿糟糕的視覺呈現，塞滿文字、圖表、條列式重點。如果要了解為什麼理想的視覺呈現極度重要，你必須先問自己：**我簡報的目的是什麼？寄電子郵件的目的是什麼？我提案是為了什麼？**是否為了讓某個決策被通過，或是讓商業對話有所進展？

為什麼精心規劃的視覺，照樣一塌糊塗？

視覺呈現會出錯的主要原因有兩個：我們缺乏 a）時間；或 b）故事策略來引導。先討論第一項。我們完全明白每個人都想省時間，很想重複使用現成的內容。我們真的懂。大家都做過那種事：把先前的投影片湊一湊，或是從同事那「借」個幾張，快速衝過終點線。一開始的時候，這種作法似乎能省時間，但代價通常是投影片前言不對後語。為什麼會有這種結果？因為沒事先想好故事策略，就很難讓投影片自圓其說。故事策略會提供必要的框架，決定好故事必須放進的每一樣東西……以及不該放的。

如果沒想好就開始做投影片，缺乏故事策略，聽眾通常會抓不到你想傳達的訊息。

科學怪人簡報（好人做壞視覺）

我們替那種前後不連貫、東一點西一點的溝通方式，特地取了名字，就叫**「科學怪人簡報」**。相信各位都看過那種簡報。科學怪人簡報出現在會議室裡，還塞爆我們的收件匣，結局太恐怖了！受眾一頭霧水，因為缺乏明確的訊息，也沒呼籲大家行動。你因此錯過影響決策的機會，沒能推動業務。

商業的世界到處是不理想的視覺呈現。數據、項目符號與文字被嚴重濫用；顏色、字體、圖片感覺是隨機擺上去的。更別提沒完沒了、看起來不太高級的圖庫照片。

好吧，那如何才能做好視覺呈現呢？

科學怪人簡報

很可怕！

視覺工具箱（專為你設計）

　　各位現在已經了解，訊息要有力，絕對少不了強大的視覺呈現。接下來介紹的五種方法通過了時間的考驗，很適合拿來讓故事視覺化。我們將探索的每一種方法，包括照片、圖解、數據、文字與影片，全是推動故事的常見手法。

照片

　　照片是極為強大的說故事利器。照片讓人記住的程度是文字的無數倍，因為照片能讓訊息帶有人味，連結受眾的情緒層面。此外，照片通常也有助於替簡報營造氣氛或主題──如果你報告的數據或事實與人有關，效果更是顯著。

圖解

　　圖解很適合把大量的訊息分組，運用各種形狀與顏色，把訊息分成好吸收的小群組。圖解適合取代被濫用的表格，甚至是時間線，幫忙抓住注意力，說出關鍵訊息。

數據

　　數據最常以各種傳統的表格呈現，但你可以試著**跳脫圖表**，結合放大字形的數字、文字與基本圖形，吸引人們看關鍵的數據洞見，推動故事前進。

文字

影片

沒錯，文字也是視覺元素的一員！事實上，文字是最常見的視覺呈現，只可惜被極度濫用。自從 PowerPoint 等熱門程式，被預設成以項目符號與文字呈現，我們看到的投影片通常塞滿文字，很難快速掃視與吸收。

不過，如果字字珠璣，利用顏色與大小來對比，文字也能有很好的效果。

如果想改變任何商業故事的步調、聲音、媒介，影片是絕佳的方法。影片能替故事的開頭定調，讓你的人物鮮活，或是提供戲劇性的結局，強調你的大創意。影片最好簡短，當然更要緊扣主題。此外，你要能順暢播放與退出影片，不能打斷故事的整體流暢度。

支持故事架構的視覺方針

　　我們可以利用五種選項讓故事視覺化，接下來介紹這些選項們
將如何配合基本的故事架構。我們溫習一下，故事的架構包括四大
路標：背景、人物、衝突與結局（另一種看待這個架構的方法，
是從 WHY、WHAT、HOW 的角度），最後用大創意畫龍點睛。
記住：說不同的商業故事時，可以視情況從中選用視覺元素，
並未有硬性的規定。

如果是故事的 WHY（背景、人物、衝突），照片、放大
的文字或數字上場的機率較大。

照片　　　文字

　　如果是故事的 WHAT（你的
大創意），凸顯的好方法是字體
放大的文字陳述。你絕對可以加
　　上背景圖或背景照片，
　　但這部分不是關鍵。

結局

HOW

圖解　　　數據　　　文字　　　影片

　　如果是故事的 HOW（結局），大概會適合使
用圖解、數據、文字與影片，以生動的方式解釋
細節。

選擇視覺元素時，永遠要注意平衡

目前沒有科學研究提供正確的視覺效果組合，不過，中庸之道是好主意。我們一向建議，絕對不要愛上某張照片、表格或圖解。永遠要先想好故事，接著才選擇視覺元素（直接輔助你的故事）。

你可以考慮以下幾種最佳實務：

不要都一樣

如果有單一的視覺類別，似乎占據了你的故事，例如太多照片、太多文字投影片、太多表格等等，那就重新考慮你的選項，想辦法混合一下。

簡單即可

不需要每種視覺展示都用上。換句話說，沒必要使用五花八門的視覺展示法。不過話又說回來，不要害怕新事物，別把新的視覺作法拒於門外。

可以放文字，但量要適中

聽眾會很難消化投影片上密密麻麻的文字，不過有時可以**只**使用文字。我們很愛用的一招是只放一句簡短的陳述句。那句話**本身**會是簡潔有力的「視覺停頓」。記住：**少永遠是多**。

開始大改造：投影片編輯時間！

各位已經學到大創意的種種面向，也學到如何利用有效的標題推動故事，以及五種最常見的視覺化技巧，懂得如何讓故事生動起來。不過，如同不斷推出的熱門真人秀節目帶給我們看的一樣，一身邋遢與光鮮亮麗——請下鼓聲——中間隔著一場**改頭換面**。

所以繫好你的安全帶，一起看七場投影片的大改造表演。你將看到糟糕投影片的是哪裡出錯，也看到優秀投影片的巧妙之處。這七個有力的範例會告訴你，如何讓受眾只需要看一眼，就明白他們需要**知道**、需要**去做**的事。希望這會提醒你，簡單、明確、引人注目的視覺呈現，永遠不是誤打誤撞出現。

小心選擇視覺元素
是成功說出故事的關鍵

預告時間

接下來的幾頁，頁面的**上半部**放著典型的「改造前與改造後」的投影片——未加解說的原始投影片。頁面的**下半部**則點出「改造前」的投影片何處**不對勁**，「改造後」的投影片又是何處**成功**。（如果要增加趣味性，可以遮住每一頁的下半部，猜猜看每張投影片做錯與做對的地方各是什麼。你有辦法判斷嗎？）

電玩統計

- 全球有 27 億活躍的電動玩家
- 全美的總遊戲人口中，45%是女性玩家
- 26 歲至 35 歲的年輕人，每星期玩 8 小時以上的線上遊戲

資料來源：State of Online Gaming, Limelight Networks

改造前　哪些地方不理想？

無關痛癢
的標題
（籠統）　→

數據藏在
清單裡，
沒做到
一目瞭然

電玩統計

- 全球有 27 億活躍的電動玩家
- 全美的總遊戲人口中，45%是女性玩家
- 26 歲至 35 歲的年輕人，每星期玩 8 小時以上的線上遊戲

資料來源：State of Online Gaming, Limelight Networks

照片的格式
不一致，
缺乏統整

電玩產業
沒有放緩的
跡象

2.7億
全球活躍玩家

45%
美國女性玩家人口

8 hours+
26 歲到 35 歲每星期
花在電玩遊戲的時間

資料來源：State of Online Gaming, Limelight Networks

改造後　哪些地方做對了？

運用生動標題
（簡潔、明確、
對話式）

放大數字的
部分，讓人一眼
就能輕鬆
吸收數據

照片格式整齊畫一

客戶關係

- **社群媒體連結**
  - 在領英 (Linked In) 或推特 (Twitter) 上連結與維持關係

- **關懷電話**
  - 以清楚、開放的溝通保持聯絡與獲得訊息

- **面對面的會議**
  - 培養更深的關係與連結

改造前 哪些地方不理想？

呆板的標題
（籠統）

沒做到讓資訊
視覺化、好吸
收與好記憶

條列式重點
未能抓住受眾
的注意力

改造後　哪些地方做對了?

理想的 ——→ 標題
（明確指出「三種方法」）

加上采絕形狀與圖示，協助「集中資訊」，方便受眾理解內容

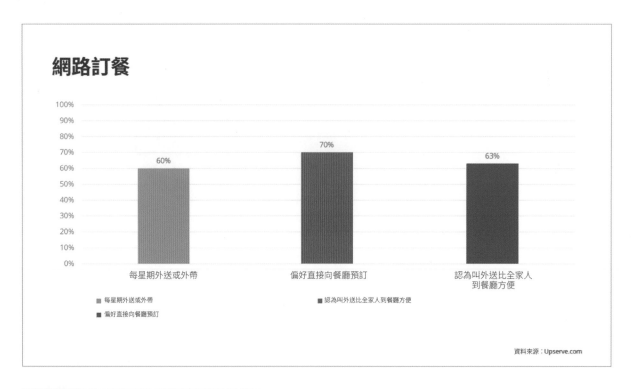

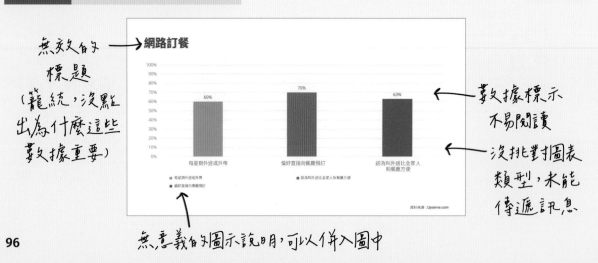

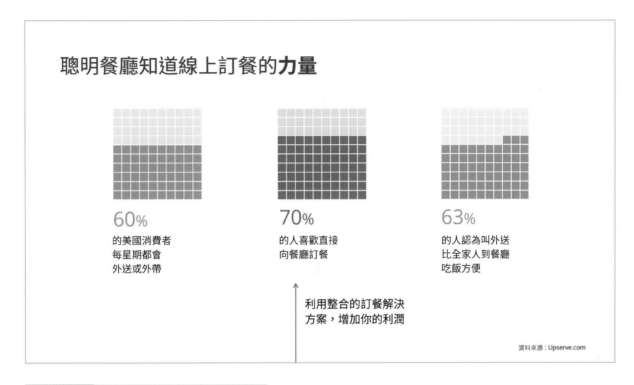

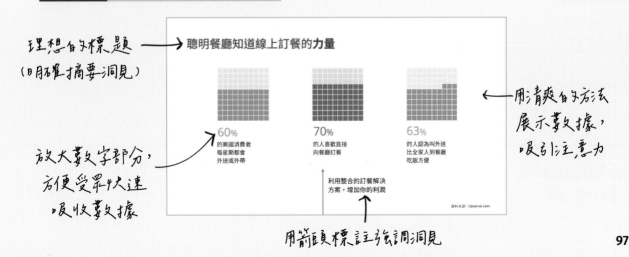

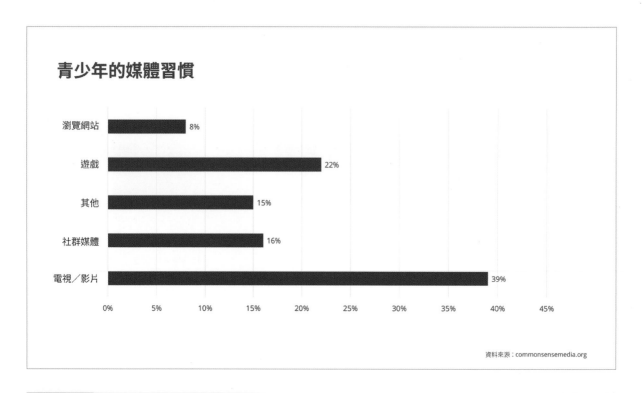

青少年的媒體習慣

瀏覽網站	8%
遊戲	22%
其他	15%
社群媒體	16%
電視／影片	39%

資料來源：commonsensemedia.org

改造前　哪些地方不理想？

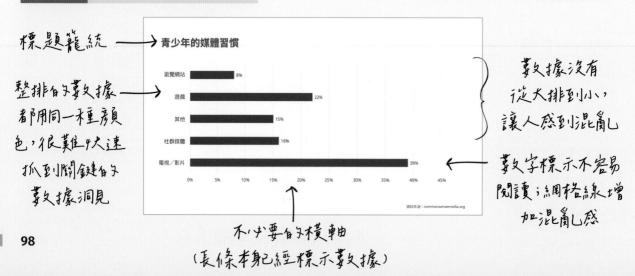

標題籠統　→　青少年的媒體習慣

整排的數據都用同一種顏色，很難快速抓到關鍵的數據洞見

數據沒有從大排到小，讓人感到混亂

數字標示不容易閱讀；網格線增加混亂感

不必要的橫軸（長條本身已經標示數據）

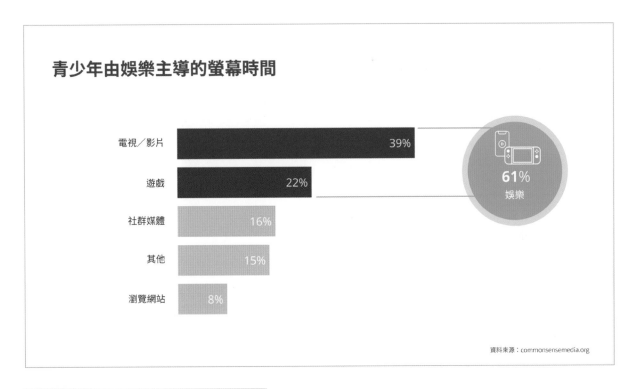

改造後　哪些地方做對了？

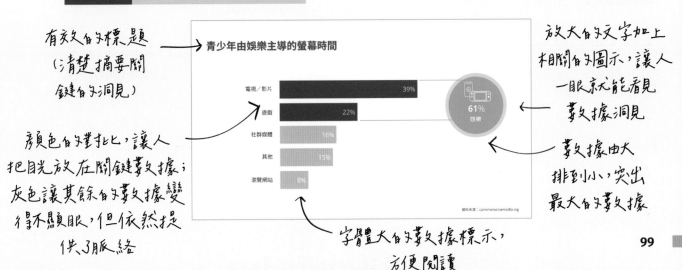

有效的標題
（清楚摘要關
鍵的洞見）

顏色的對比，讓人
把目光放在關鍵數據；
灰色讓其餘的數據變
得不顯眼，但依然提
供了脈絡

字體大的數據標示，
方便閱讀

放大的文字加上
相關的圖示，讓人
一眼就能看見
數據洞見

數據由大
排到小，突出
最大的數據

總票房名列前茅的電影發行商

		電影數量	總票房	市占率
1	迪士尼	571	$39,688,247,167	16.94%
2	華納兄弟	802	$35,592,155,457	15.19%
3	索尼影視	728	$28,777,646,671	12.28%
4	環球影業	511	$27,464,279,056	11.72%
5	二十世紀福斯	519	$25,853,240,689	11.04%
6	派拉蒙影業	481	$24,231,319,306	10.34%
7	獅門娛樂	415	$9,537,881,421	4.07%
8	新線電影	207	$6,194,343,024	2.64%
9	夢工廠	77	$4,278,649,271	1.83%
10	米拉麥克斯	384	$3,835,978,908	1.64%

資料來源：https://www.the-numbers.com/market/distributors

改造前 哪些地方不理想？

呆板的標題
（籠統）

→ 總票房名列前茅的電影發行商

		電影數量	總票房	市占率
1	迪士尼	571	$39,688,247,167	16.94%
2	華納兄弟	802	$35,592,155,457	15.19%
3	索尼影視	728	$28,777,646,671	12.28%
4	環球影業	511	$27,464,279,056	11.72%
5	二十世紀福斯	519	$25,853,240,689	11.04%
6	派拉蒙影業	481	$24,231,319,306	10.34%
7	獅門娛樂	415	$9,537,881,421	4.07%
8	新線電影	207	$6,194,343,024	2.64%
9	夢工廠	77	$4,278,649,271	1.83%
10	米拉麥克斯	384	$3,835,978,908	1.64%

資料來源：https://www.the-numbers.com/market/distributors

這些數據要
講的關鍵洞見
不明顯（沒有突
出的地方）

未以大概的數字呈現，
很難快速比較數值

Top 2 電影發行商的市占率達三分之一

排行	發行商	電影	總票房	市占率	
1	迪士尼	571	$39.7B	16.9%	**32%**
2	華納兄弟	802	$35.6B	15.2%	
3	索尼影視	728	$28.8B	12.3%	
4	環球影業	511	$27.5B	11.7%	
5	二十世紀福斯	519	$25.9B	11.0%	
6	派拉蒙影業	481	$24.2B	10.3%	
7	獅門娛樂	415	$9.5B	4.1%	
8	新線電影	207	$6.2B	2.6%	
9	夢工廠	77	$4.3B	1.8%	
10	米拉麥克斯	384	$3.8B	1.6%	

資料來源：https://www.the-numbers.com/market/distributors

改造後　**哪些地方做對了？**

放大字體，讓人一眼就看見數據洞見

有效的標題（清楚摘要關鍵的洞見）

這兩行數據加上了綠框，文字也用綠色呈現，讓人一眼就看見關鍵數據

保留其餘的數據，提供整體脈絡，但用灰色降低顯眼程度

簡化數值，方便比較

Top 2 電影發行商的市占率達三分之一

排行	發行商	電影	總票房	市占率	
1	迪士尼	571	$39.7B	16.9%	**32%**
2	華納兄弟	802	$35.6B	15.2%	
3	索尼影視	728	$28.8B	12.3%	
4	環球影業	511	$27.5B	11.7%	
5	二十世紀福斯	519	$25.9B	11.0%	
6	派拉蒙影業	481	$24.2B	10.3%	
7	獅門娛樂	415	$9.5B	4.1%	
8	新線電影	207	$6.2B	2.6%	
9	夢工廠	77	$4.3B	1.8%	
10	米拉麥克斯	384	$3.8B	1.6%	

資料來源：https://www.the-numbers.com/market/distributors

回收廢棄物

- 75%的廢棄物可回收
  - 玻璃
  - 紙張
  - 紙板
  - 金屬
  - 塑膠
  - 輪胎
  - 紡織品
  - 電池
  - 電子產品
- 回收塑膠節省的能源
  是焚化的兩倍

資料來源：rubicon.com

改造前　哪些地方不理想？

呆板的
標題
（籠統）

詳細的清單讓
關鍵訊息失焦、
失去震撼感

隨意擺放照片，版面
比例偏「小」，令人感到不重要

改造後　哪些地方做對了？

理想的標題
（清楚、明確、
業指語口吻）→

放大字體並加上
彩色形狀，一眼
就能看見數據

照片填滿螢幕，
刻意創造出
「氛圍」，連結
至關鍵洞見←

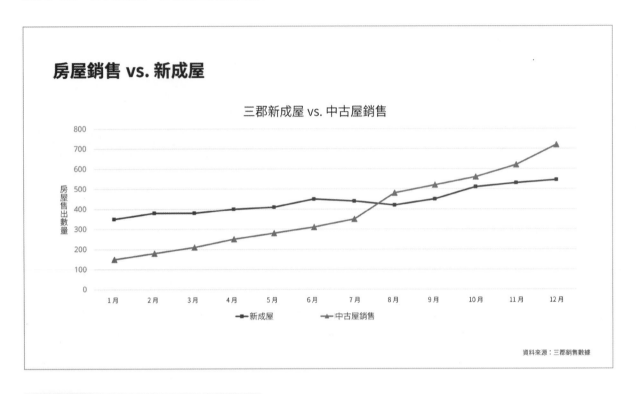

改造前　哪些地方不理想？

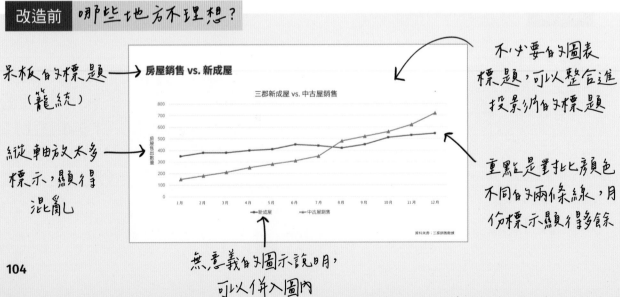

呆板的標題
（籠統）

縱軸放太多
標示，顯得
混亂

無意義的圖示說明，
可以併入圖內

不必要的圖表
標題，可以整合進
投影片的標題

重點是對比顏色
不同的兩條線，月
份標示顯得多餘

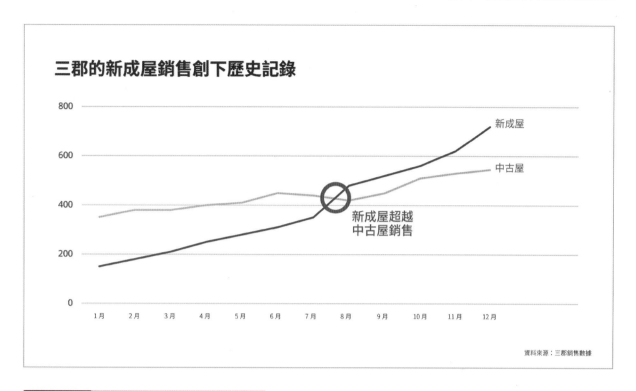

改造後　哪些地方做對了？

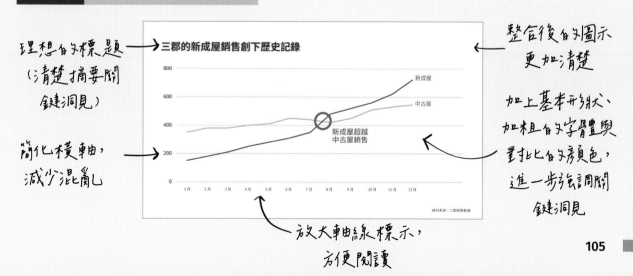

理想的標題
（清楚摘要關
鍵洞見）

簡化橫軸，
減少混亂

整合後的圖示
更加清楚

加上基本形狀、
加粗的字體與
對比的顏色，
進一步強調關
鍵洞見

放大軸線標示，
方便閱讀

重點回顧

標題、大創意
與精心設計的視覺輔助……

你的工具箱裡現在躺著強大的工具，包括生動標題、明確的大創意、
視情況運用的視覺技巧，協助故事在框架之上變得更豐富。

1

標題新聞

投影片（或是一頁報告、電子郵件主旨欄）最上方的顯眼標題很重要。生動的標題能讓最重要的概念，突出於所有其他的概念，引導受眾的關注點，協助你掌控敘事，推進故事。

2

你的大創意是什麼？

大創意是一句明確、採取對話口吻的陳述，濃縮故事的 WHAT，再加上幾個重大好處。大創意應該提供關鍵的洞見、有辦法執行，完全專注於受眾的需求。每一個事實、次要的點子或數據，都要能直接支持你的大創意。

3

五種視覺化技巧

聰明的視覺元素**永遠**有策略。請避開
科學怪人簡報陷阱：不要拼湊有好幾個
源頭、缺乏明確敘事的「漂亮」投影片。
記得要精心使用簡單、平衡、不過
度重複的視覺元素，說出生動的故事。
五種證實有效的視覺技巧包括照片、
圖表、數據、文字與影片。

PART 4

見證魔法時刻！

如何在日常商務情境裡說故事？

第 10 章

提出建議

　　你現在口袋裡滿裝著說故事的框架與許多流程法寶，有辦法安排點子、事實與數據的位置。你獲得微調敘事準確度的強大工具，學會找出大創意、用生動的標題推動故事。當然，你還能運用證實有效的視覺技巧，畫龍點睛一番。你現在準備好了解如何能運用十八般武藝，開始施展魔法。

　　我們先從最常見的商業場景開始。你、你的主管、你的同事，或是基本上全球的每一位商務人士，全都會碰到這個場景：提出建議。

　　以下帶大家看的兩間公司是虛構的，但它們面臨的問題相當常見。在各自的場景中，你將看到**同一套**建議的兩個很不同的版本——一個理想，一個不理想。我們會帶大家兩個都看。一邊看，一邊明確指出第一個版本有問題的地方（全部都是常見的問題），以及第二個版本做得好的地方。各位已經學過前面幾個章節的內容，應該能完全理解兩者的差異。來吧……

個案研究

緊急照護⋯⋯變成緊急的問題

　　和諧健康是西雅圖起家的健康照護集團，旗下的事業包括醫院、緊急照護（urgent care）、內科、藥局、診所與實驗室服務。過去六十多年來，和諧健康已經擴展至美西三州，雇用八千五百名員工，以及幾乎涵蓋所有專科的一千五百名醫師。

　　由於年輕一代的美國人，經常使用免預約的醫療服務，和諧健康感到這是機會，於是擬定成長計畫，準備擴張緊急照護網。然而，這個領域競爭者眾多。快速照護、迅捷健康、Dr. Zoom 等採取新型零售模式的緊急照護中心，數量愈來愈多，那些對手同樣急著擴張。

　　此外，和諧健康還面臨另一個或許更重要的問題：緊急照護病人不滿意他們的服務。在熱門的消費者評論網站上，和諧健康的得分愈來愈低。領導團隊高度關切這些評價，進一步做了看病後的問卷調查，得出的結果令人氣餒。許多病患表示，他們再也不會到和諧健康的診所看病，也不會向別人推薦。

　　和諧健康的顧客體驗策略長泰瑞莎・尼爾森，因此聯合數個部門，召集了一支小型的團隊，負責處理這件事。泰瑞莎要向和諧健康的領導團隊，報告緊急照護患者不滿意的原因──並在高層考慮多開幾間診所之前，先提議如何能解決問題。

故事改造前　哪些地方不理想？

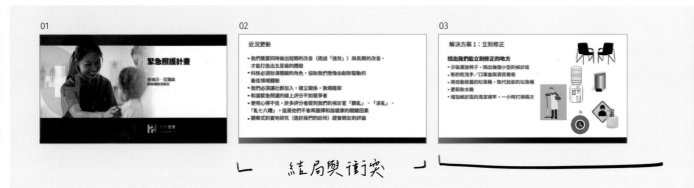

結局與衝突

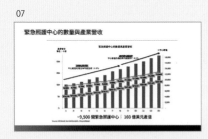

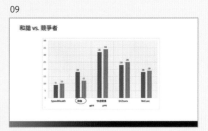

背景與人物

歡迎來到資訊垃圾場

　　以上是⋯⋯一則亂七八糟的故事，沒能讓高層接受建言。我們來研究一下，究竟是哪些地方出錯。第一個問題立刻浮出水面：這則故事**始於**建議（結局）。受眾還沒聽到**為什麼**應該關心那些建議，那些建議就不請自來。此外，結局解決的衝突很早就登場，但被一堆東西蓋住。雖然在故事的尾聲，那個衝突又再度出現，但為時已晚。這則故事令人感到是沒病治病。

✗ 衝突被蓋住　✗ 呆板的標題　✗ 亂塞的視覺元素不會增加價值

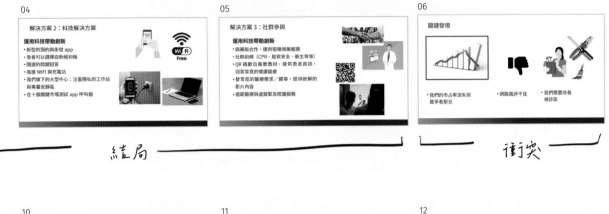

結局　　　　　　　　　　　衝突

衝突　　　　　　　　　衝突與結局

　　此外，背景與人物也被蓋住，太晚才出場，沒替故事帶來脈絡意義。還有，敘事缺乏大創意，沒説出這則故事要**講什麼**，也沒提到決策者應該**做什麼**。不理想的籠統標題，也沒能推動故事向前。最後一個問題是視覺呈現不夠專業，缺乏策略，沒能助故事一臂之力。我們的分析？與其説這是一則真正的故事，不如説只是傾倒想法的掩埋場。

故事改造前　哪些地方不理想？

標題乏味，沒告訴大家這則故事要說什麼，展開敘事

不理想的籠統標題

近況更新

- 我們需要同時做出短期的改善（透過「速效」）與長期的改善，才能打造出五星級的體驗
- 科技必須扮演關鍵的角色，協助我們想像由創新驅動的最佳領域體驗
- 我們必須讓社群加入，建立關係，敦親睦鄰
- 和諧緊急照護的線上評分不如競爭者
- 使用心得不佳，許多評分者提到我們的候診室「髒亂」、「凌亂」、「亂七八糟」。這是他們不會再選擇和諧健康的關鍵因素
- 觀察式的實地研究（造訪我們的診所）證實網友的評論

這份簡報用結局來開頭

衝突被蓋住，未能充分建立故事的WHY

故事改造前　哪些地方不理想？

再次是籠統的標題

03

解決方案 1：立刻修正

找出我們能立刻修正的地方

- 分區擺放椅子，隔出幾個小型的候診區
- 新的乾洗手／口罩盒與資訊看板
- 用自動掀蓋的垃圾桶，取代目前的垃圾桶
- 更新飲水機
- 增加候診區的清潔頻率，一小時打掃兩次

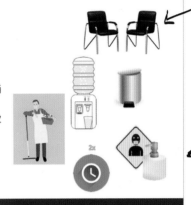

大量隨機擺放的視覺選擇，未能進一步解釋故事

在受眾還不知道為什麼該關心這件事之前，就先揭曉 HOW（結局）的細節

04

解決方案 2：科技解決方案

運用科技帶動創新

- 新型的預約與掛號 app
- 患者可以選擇自助報到機
- 隨選的問題回答
- 高速 WIFI 與充電站
- 我們旗下的大型中心：注重隱私的工作站與專屬安靜區
- 在十個關鍵市場測試 app 呼叫器

含糊，呆板的標題是在浪費推進故事的機會

風格與排列方式不統一的視覺元素，令人感到眼花撩亂──不會增加價值

再度給大家看結局的條列式重點，但現在就揭曉還是太早

故事改造前　哪些地方不理想？

05

解決方案 3：社群參與

運用科技帶動創新
- 與藥局合作，提供現場領藥服務
- 社群訓練（CPR、居家安全、衛生等等）
- QR 碼數位衛教教材，提供患者資訊，回答常見的健康疑慮
- 替常見的醫療需求／搜尋，提供新鮮的影片內容
- 遠距醫療與虛擬緊急照護服務

籠統的標題

由於沒對應到點子，附上這些視覺元素沒有意義

放了更多結局，但完全不曾先建立脈絡。問題是一樣的：為什麼聽眾該在意這件事？

06

關鍵發現

- 我們的市占率流失到競爭者那兒
- 網路風評不佳
- 我們需要改善候診區

這張衝突投影片需要提示衝突所在的標題

這些視覺圖拉低了訊息的品質

這張投影片介紹衝突，但太晚才提出，效果不彰

故事改造前　哪些地方不理想?

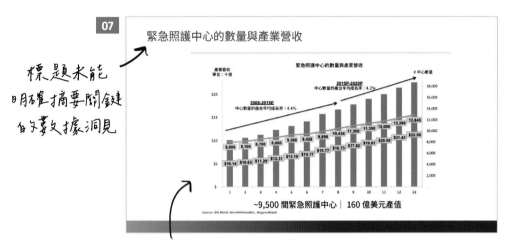

標題未能
明確摘要關鍵
的數據洞見

這張圖提供了故事背景,但資訊太晚才出現,
失去價值

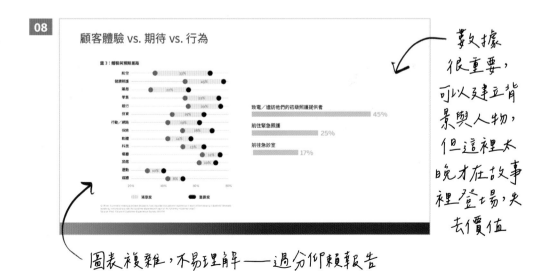

數據
很重要,
可以建立背
景與人物,
但這裡太
晚才在故事
裡登場,失
去價值

圖表複雜,不易理解——過分仰賴報告
人向大家解釋

故事改造前　哪些地方不理想？

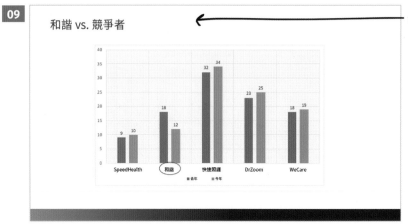

標題的意思
含糊不清，
無法讓受眾
一眼看出需要
知道的事

競爭者=衝突，但太晚才介紹，
失去價值要知道的事

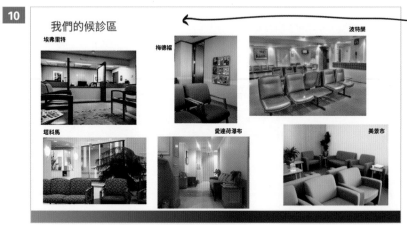

這個標題
打斷了故事，
未能提供
相關洞見

這些視覺圖案大小不一，很難
看清楚，沒替敘文做出任何貢獻

故事改造前　**哪些地方不理想？**

網友的說法是一致的,但這裡沒明白點出,指出真正的矛盾

11 網路評論摘錄

「地上很髒,我的座位上還黏著口香糖」

「椅子上堆著過期的雜誌,還有髒紙杯」

「櫃檯人員必須留意候診區一團亂,但一副事不關己的樣子」

三個劣評指出衝突所在,但太晚才說出這個重要的訊息

這個標題包含了**大創意**(很好),但在很前面就該提出

12 重點回顧:創造更好的體驗是我們的解決方案!

- 我們的市占率流失到競爭者那 >> 採用新技術
- 網路風評不佳 >> 建立更強大的社群
- 我們需要改善候診區 >> 立刻修正

這些視覺元素拉低了訊息的品質

理想的商業故事不該結束在更多的衝突,永遠要以大創意做為結尾

故事改造後　哪些地方做對了？

01

02

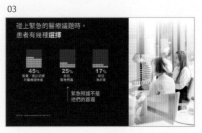

03

背景與人物

07

08

09

大創意　　　　　　結局

準備好改成連貫的故事

幸好！**真正的**故事策略讓事情大不同。這裡重新組合與設計和剛才一樣的建議。這一次四大路標以**正確**的敘事順序出現。觀察一下，這個故事有明確的 WHY、WHAT、HOW，以背景與人物開場，然後是衝突登場，接著更多的衝突造成緊張情勢升溫，但結局的著陸頁（landing page）出面化解，預告幾種推薦的作法。（詳細的著陸頁解釋，請見〈第 18 章：團隊報告：由誰負責哪部分？〉）

| ✓ 故事有明確的**WHY** | ✓ 推動進展的標題 | ✓ 以簡單的視覺元素營造氛圍 |

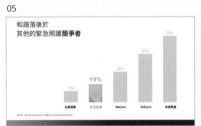

衝突

結局　　　　　大創意

　　另一個很好的改造？趁早介紹有力的大創意，接著在結尾時，以金句的形式再提一遍。WHAT 陳述（外加一項好處）讓相關人士知道，他們需要了解與做哪些事。生動的標題層層遞進（尤其是衝突升溫的部分），引出結局。此外，每一個路標搭配的背景照片，讓故事生動起來，營造出一致的氛圍。

故事改造後　哪些地方做對了？

用資訊豐富的生動標題展開故事

標題清楚
摘要關鍵
的洞見，帶
動故事

背景照片
營造出氣氛，
但不至於
干擾數據

故事用背景與人物開頭，
建立脈絡

故事改造後　哪些地方做對了？

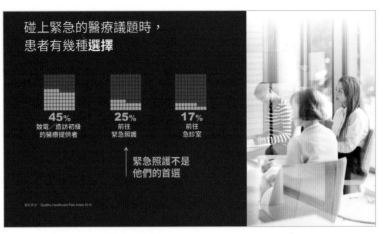

這個標題的基礎是前一個標題，故事不斷前進

黃字的箭頭單單指出衝突所在

用簡潔的數據點，進一步設定背景與人物
（放大字體，一目瞭然）

簡單的照片持續營造氛圍，讓人看到這則故事的「人物」

生動的標題說出重大衝突與關鍵數據點

衝突不斷在這裡醞釀

故事改造後 哪些地方做對了？

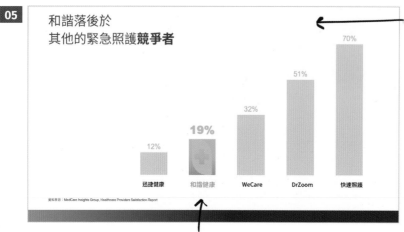

標題繼續
解釋衝突，
一針見血

數字部分利用不同的顏色與放大的字體，
強烈凸顯出和諧健康的表現

用「雪上加霜的
是」等轉折詞，
讓衝突升溫

網友評論的文字很長，但這裡視覺上處理
得很好有充分的間隔（以及不喧賓奪主的照片）

故事改造後　哪些地方做對了？

大創意適時出現，用「WHAT 好子處」的
陳述，直接點出簡報聽眾需要知道與做到的事

標題明確指
出這則故事的
HOW

蓄陸頁預告解決衝突的三大建議
（分別放在三個清楚的「桶子」裡）

故事改造後　哪些地方做對了？

09

執行會**有速效**的措施

32% 的民眾表示，只要有一次不好的體驗，他們就會拋棄喜歡的品牌

全國的緊急照護平均等候時間是 **21 分鐘**，但環境舒適時，患者願意等久一點

- 分區擺放椅子，安排出幾個小型的候診區
- 放置新的乾洗手／口罩盒與資訊看板
- 用自動掀蓋的垃圾桶，取代目前的垃圾桶
- 更新飲水機
- 把候診區的清潔頻率，增加至一小時打掃兩次

資料來源：PwC Future of Customer Experience Survey 2017/18, UCADA report, Patient

丟麵包屑，一步一步讓聽眾（與說故事的人）知道，故事講到哪了，接下來要講什麼

有限度地使用數據，再次回顧衝突，強調不行動的代價，有必要找出理想的解決辦法

10

設想**五星級體驗**

★★★★★

78% 的健康照護顧客認為，正面的體驗會影響購買決策

20% 被占用的椅子放著個人物品或飲料

- 新型預約與掛號 app
- 患者可以選擇使用自助報到機
- 隨選的問題回答
- 高速 WIFI 與充電站
- 大型中心：注重隱私的工作站與專屬安靜區
- 試行：在十個關鍵市場測試 app 呼叫器

資料來源：PwC Future of Customer Experience Survey 2017/18.

條列式重點適合列出細節，但一般建議不要超過六條

配合故事的步調，繼續丟麵包屑，提醒聽眾目前講到哪裡

故事改造後　**哪些地方做對了?**

建立社群

· 與藥局結盟，提供現場領藥服務
· 提供社群訓練（CPR、居家安全、衛生等等）
· 利用 QR 碼數位教育素材，提供患者資訊，回答
· 常見的健康疑慮
· 替常見的醫療需求／搜尋，提供新鮮的影片內容
· 遠距醫療與虛擬的緊急照護服務

額外的數據（謹慎使用，不要太多）持續替
每一種解決方案，提供更多助力

用一句簡單好記的金句，
強而有力地重複**大創意**

看過不理想的故事

就知道

用心說的故事
有多讓人感到鬆一口氣

個案研究

機師的人才需求

邁阿密的量子航空在全球穿梭二十五年了，目前員工數逼近一萬三千五百人，旗下有一百九十六架飛機，提供飛往八十五個目的地的二百三十八條航線。儘管航空業的景氣起起伏伏，公司打算在未來十年擴張事業，滿足預期中的乘客成長。量子的領導者希望同時增加航線與起降地。快速成長的亞洲市場尤其是投資的重點。

然而，量子航空也關注一個風險因子，目前整個航空業都受到影響——機師數量不足。量子航空和許多競爭對手一樣，希望找到並雇用合格的機師，達成公司的成長目標。為了降低找不到人才的風險，量子航空的領導團隊希望聽到建言，了解如何能改善公司尋人與聘用新人才的作法。

人事副總裁馬可・瓦斯格茲必須向量子航空的領導團隊，提出三條建言，從各種角度處理機師短缺的問題。他最初的簡報長得像這樣……

故事改造前　哪些地方不理想？

01

結局

背景與人物

這則故事不只有缺機師的問題

砰！這則故事在開頭就放結局。如同和諧健康「改造前」的故事，這裡沒先建立脈絡，也因此沒有 WHY。衝突晚一點的時候出場了，但從頭到尾沒明確解釋這是外部問題：全球都有機師荒。人物與背景快到尾聲才登場，出現在結局之後──相關資訊連帶失去了重要性。馬可放進了四大路標，但順序不對。**馬可這局拿下零分。**

✗ **WHY太晚才登場**　✗ **標題沒放關鍵洞見**　✗ **塞太多數據，看不見關鍵重點**

結局　　　　　　　　　　　　　背景與人物

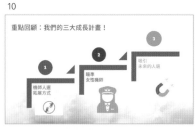

結局

故事改造前　哪些地方不理想？

這張照片和
航空業毫無關聯
（除了雲的部分）

這個標題
沒說出任
何真正的
新聞，只是
下方清單的
標籤

用條列的
方式塞進一堆
文字資訊，
很難看清楚

故事用結局來開頭，尚未建立脈絡，
聽眾不清楚為什麼要關注這件事

故事改造前 **哪些地方不理想?**

標題籠統,
未能把握機
會,說出真正
的洞見

03

2 瞄準女性機師

- 在全球的商業航空機師中,女性今日占 5.4%
- 增加我們雇用的女性機師人數
- 打造更替女性著想的班表、文化與工作政策
- 擬定發展與飛行訓練贊助計畫
- 透過角色模範與早期的 STEM(科學、科技、工程、數學)課程,吸引更多年輕女性投身航空事業

這是相關
的數據,
但是和
其他幾條
解決方法
不太搭

04

3 吸引未來的人選

- 與 CAE、大型的航空大專院校結盟,開發飛行學院課程,吸引未來的應徵者
- 補助或贊助有具備潛力的新人
- 與銀行結盟,提供融資選項與低利飛行學生貸款
- 執行新型獎酬與簽約模式,提供進一步的誘因
- 展開入職前的新進人員訓練,讓新人快速進入情況

未來十年
必須讓 180K 機師
升為機長

實用的
數據
(但放錯
位置)。
放在衝突
的升溫
部分會
更理想。

故事繼續列出結局的細節,
但依舊尚未清楚建立 WHY

故事改造前 | 哪些地方不理想？

05

**各位可能會問，
為什麼需要這麼做？**

↰ 準備建立 **WHY**（終於），但應該放
在故事的很前面才對

06

我們這樣提議的理由

成長

· 2010 年至 2030 年之間，乘客數量預計會加倍，也就是年均複合成長率為 3.5%
· 在 2000 年，一般民眾每 43 個月才搭一次飛機。2017 年，每 22 個月搭乘一次。
· 成長將來自亞洲（見下一張投影片）

美國
+59%

中國
+167%

印度
+262%

泰國
118%

印尼
+219%

畢竟
為什麼
該事如何接
下來的解決
方案，但這
個部分應
該放在
結局之前

利用背景與
人物數據
建立脈絡，
但這麼晚
才提，
於事無補

故事改造前 哪些地方不理想？

07

我們這樣建議的理由

機師組成

* 2027 年的機師，有五成尚未開始訓練
* 美國的飛行學生中，女性占 12%，呈現強勁的上揚趨勢
* 2003 年至 2016 年間，完成航空公司／商業／專業機師與飛行人員學校課程的人數減少 35%
* 完成商業航空課程與飛行時數，取得飛行資格，平均需要 $125K

繼續提供
原因，但同樣
應該放
在結局之前
（而不是之後）

這幾個數據點各自與不同的建議有關，
敘事因此失去流暢度

08

未來十年需要的新機師數量

標題
放進潛
在的衝突，
但未使用製
造緊張氣氛
的語氣，
缺乏效果

150K
足以滿足需求的
現役機師人數

255K
成長與汰換所需的
新增的總人數

105K
的退休機師
空缺

十年機師需求，按區域分

美洲
+85K

歐洲
+50K

中東與亞洲
+30K

亞太
+90K

補充過多的數據，
重點失焦

135

故事改造前　**哪些地方不理想？**

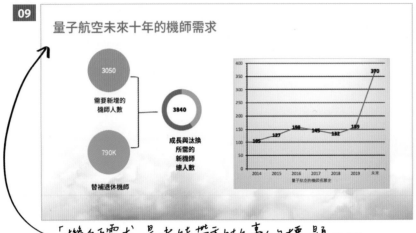

不理想的圖表標示法，難以閱讀，無法掌握數據的價值

「機師需求」是未能帶動故事的標題——機師需求是指什麼？理想的標題會提供受眾關鍵的結論

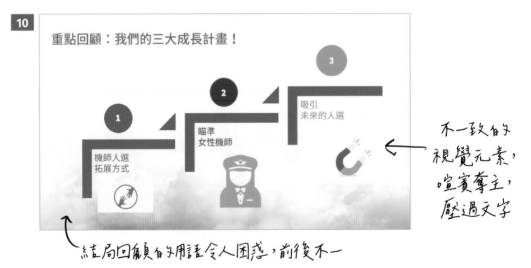

不一致的視覺元素，喧賓奪主，壓過文字

結局回顧的用詞令人困惑，前後不一

故事改造前 哪些地方不理想？

11

如果能放上與航空公司更相關的照片，更能襯托主題與氛圍 →

謝謝各位！

現在讓我們
展開未來的成長！

未能再次提醒真正的**大創意**，↑
只提出空泛的行動呼籲

故事改造後 哪些地方做對了？

背景與人物

結局

調整路標的順序，將產生奇妙的效果

　　哇……講得好的故事讓人鬆了一口氣。馬可的新版本做得**很對**，每一個路標都以正確的順序登場。這次他一開始就設定市場的場景，立刻介紹人物：產業預測顯示，雖然近日景氣碰上亂流，乘客數量將在未來十年翻倍，成長主要來自亞洲。接下來，馬可介紹明確的衝突（全球都有機師荒），最後收尾，提出人才招募計畫，確保量子航空不會落於人後。請留意馬可是如何強化故事的路標，

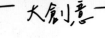

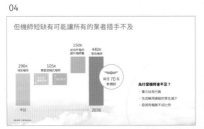

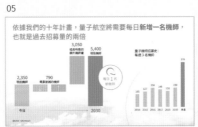

衝突　　　大創意

大創意

以視覺方式呈現經過仔細篩選的數據。關鍵是觀察數據如何**支持**他的故事，但永不喧賓奪主，蓋過情節。

　　這則故事的每一個標題都推動敘事向前，尤其是衝突的部分。馬可重磅推出他的大創意（結尾以金句方式再次呈現），利用著陸頁預告三個解決方案。每一個方案都放在一個明確的桶子裡，接著再利用視覺的「麵包屑」一一介紹，引導敘事的走向。馬可利用氛圍感十足的優雅雲層照片，串起每一件事。**馬可的分數是 A+**！

139

故事改造後 哪些地方做對了？

← 這裡的照片不搶鏡，又能營造氣氛

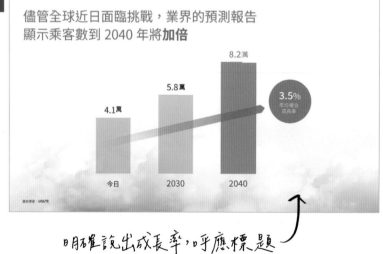

生動的文標題，立刻用「飆升的市場成長率」建立背景

明確說出成長率，呼應標題

故事改造後 哪些地方做對了？

標題
介紹人物
（乘客），
推進故事

精選重要數據，支持標題的說法

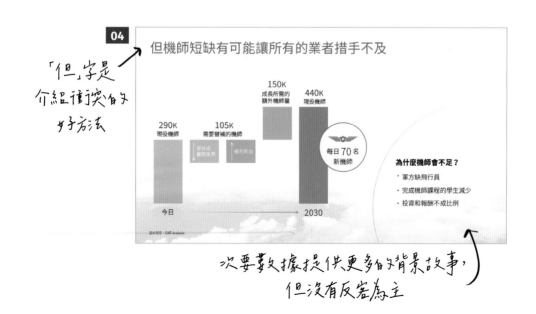

「但」字是
介紹衝突的
好方法

次要數據提供更多的背景故事，
但沒有反客為主

故事改造後　哪些地方做對了？

衝突在
這個標
題升溫

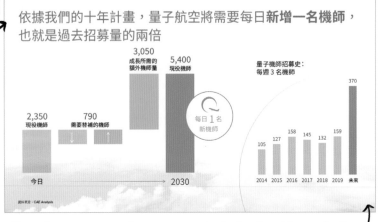

數據支持前面提到的衝突與緊急情勢，清楚
證明過去的招募力道，不足以支撐未來的需求

大創意出場，紓解緊張的氣氛，
受眾看到可以有更美好的未來

故事改造後 哪些地方做對了？

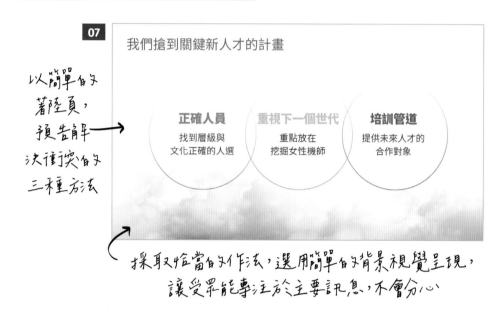

以簡單的
著陸頁，
預告解
決衝突的
三種方法

07 我們搶到關鍵新人才的計畫

正確人員 — 找到層級與文化正確的人選

重視下一個世代 — 重點放在挖掘女性機師

培訓管道 — 提供未來人才的合作對象

採取恰當的作法，選用簡單的背景視覺呈現，
讓受眾能專注於主要訊息，不會分心

標題
帶動故事，
有效連結
至結局

08 找到正確人員

正確人員　下一個世代　培訓管道

* 擬定導師計畫，確保準備好上陣
* 執行新的能力差距與機師表現評估
* 推出順應潮流、以數據為依歸、量身打造的訓練
* 執行新的篩選與挑選流程

50% 2030年的機師，有五成尚未展開訓練

180 k 必須在未來十年轉換至機長的機師

麵包屑
告知故事
講到哪裡

仔細篩選支持結局的數據，
不喧賓奪主

故事改造後　哪些地方做對了？

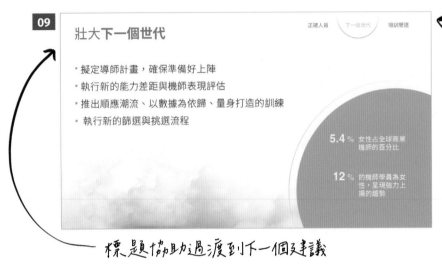

標題協助過渡到下一個建議

麵包屑
持續悄悄
追蹤故事
的進度

過量使用條列式重點，避免過多的資訊

用兩個
數據點
提供額外
的背景，支持
結局

故事改造後　**哪些地方做對了？**

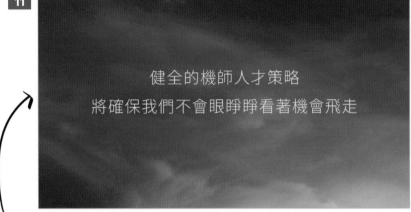

11

健全的機師人才策略
將確保我們不會眼睜睜看著機會飛走

以金句重申**大創意**，再次強調
更新招募策略的必要性

簡而言之……

助你的建議一臂之力

　　以上是兩種常見的商業場景，以改造前、改造後的例子，對照出如果講了好故事，建議更可能被認真看待。反之，如果說故事的技巧不佳，受眾有可能聽過就算了。不論你想證明有必要增聘人才，希望改善顧客體驗，又或是希望解決其他任何類型的商業挑戰，你難道不想盡量讓決策者採納點子？

　　我們相信你絕對做得到（只需要講出明確的 WHY、WHAT 與 HOW）。

第 11 章
提供近況更新

「嘿，專案進行得怎麼樣了？」

　　每個人會在某個時間點，被問到計畫或專案的情形。許多人的預設作法很簡單，套用現成的模板，每個月或每季修改一下。很簡單，對吧？其實不然。隨著日子一天天過去，幾星期、幾個月後，由於放進愈來愈多的各方回饋，模板通常會扭曲變形。起初很簡單的近況更新，最後會像是在試圖馴服猛獸。

　　但不管怎麼說，近況更新這種事很制式、很無聊，不需要動用說故事的溝通技巧，對吧？

不對。大錯特錯。

　　近況更新提供了絕佳的機會。你可以策略性套用故事架構，展示自己有能力徹底溝通專案的健康程度。不過要注意，報告近況時，你的狀態報告八成會落入兩大「陣營」：一派**有**衝突，一派**沒**衝突。這兩種近況更新有重要的區別，我們來深入了解一下。

當近況出現衝突

　　當你的近況出現衝突，那就準備好火力全開，讓基本的故事架構完整上場。先從背景與人物講起，報告自從你上次了解情況後，專案或計畫有哪些進展。接下來，談你碰上的衝突，指出一至多個正在影響（或可能影響）專案／計畫的挑戰，例如進度落後、預算

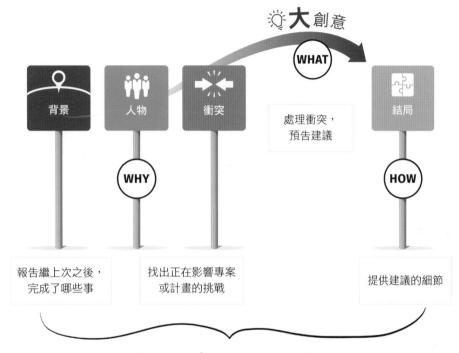

出現衝突的近況更新，
適合應用基本的故事架構

不足、資源受限、範疇更動、出現新的競爭者等等。接下來，說出大創意。你打算如何直接處理那些衝突？先提出建議的大方向，再解釋解決辦法的細節。好了，故事說完了。方法和〈第 10 章：提出建議〉差不多。

當近況沒出現衝突

可是，如果專案順利進行，沒有衝突呢？這個嘛，先說聲恭喜！如果目前（或未來）真的沒有需要擔心的事，那就只需要動用部分的故事元素，包括建立背景與人物，說出團隊完成了專案或計畫

的哪些部分。主要目標是告知每件事都按時在預算內順利進行。你甚至可以挖出最初的建議或提案，對比一下人物今日的狀況 vs. 事情最初的樣貌。此時大創意是一句簡單的金句，基本上是在說：「我們處於正軌」（只放 WHAT 陳述，不加好處）。此外，由於沒有衝突，也就不需要解決方案—有大創意就夠了。記住：沒有衝突的近況更新屬於戰術性更新。**你甚至可能不必真的召開會議。**只需要寫封電子郵件，或是透過專案管理工具，告知專案正在按部就班進行。畢竟可以少開一場會，人人都開心！

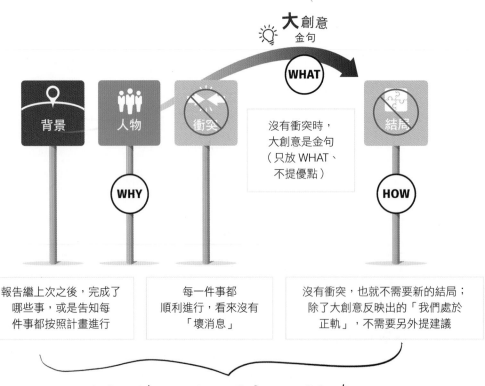

沒有衝突的近況更新，只有部分的基本故事架構元素上場

沒有衝突的近況更新

屬於戰術性更新

讓受眾（和自己）少開一場會，
簡單在線下提供近況即可

不過等一下，確定真的沒有衝突嗎？

我們不想讓任何人疑神疑鬼，但你沒看見衝突的地方，可能有衝突。你真的想提供戰術性更新嗎？（沒有衝突的話，就是戰術性更新）也或者你可以趁這個機會，更加策略性一點？如果是這樣的話，那就**挖，挖，挖**，找出任何可能需要關切的地方，提升你在專案中扮演的策略性角色。想讓挖掘變容易的話，可以從三種途徑著手，找出近況中的衝突，包括靠自己、仰賴信任的同事，或是請受眾幫忙。（繼續看下去）

首先，設法拓寬**你**個人的視野。你能否提供任何新的角度、洞見或機會？另一方面，前方是否有任何潛在的危機或風險？

第二，找有過不同經驗的（聰明）同事聊一聊（如果他們熟悉你的專案，或是過去做過類似的專案，那就更好了）。這樣的同事可能察覺你漏掉的衝突，指出你能擁抱更寬廣的機會。

最後，你可以告訴受眾你正在尋找衝突。沒錯，你沒看錯。你分享背景與人物後，讓受眾加入對話，聽取他們的意見，了解他們認為哪些地方可能有警訊。是的，這麼做有可能風險很大——你最好先做功課。不過，你讓受眾參與的話，他們會感到這是大家共同的責任，感謝你開誠布公，尋找專案是否有任何潛在的風險。如果在對話過程中的確浮現衝突，一定要好好記下這個新困難，接著回頭處理——下次更新近況的時候，提出你的解決辦法。

現在一起來看，如何利用真實的故事（好吧，這裡其實是虛構的），準備有衝突的近況更新。

個案研究

銷售數字很漂亮。但軟體實現？跟不上。

　　學習先鋒是教育科技公司，平日提供軟體即服務（SaaS）給大專院校、幼兒園到十二年級的學校、政府機構、非營利組織，以及大大小小的企業。一千三百個機構超過一千萬的學生、教職員、雇員與政府單位，全仰賴學習先鋒的平台。學習先鋒的銷售數字十分強勁，愈來愈多的學術機構、政府單位與民間企業陸續加入。

　　然而，從銷售數字看不出在第一季的時候，多數新客戶的軟體實現（software implementation）進展緩慢，前一季僅一半如期上線。此外，數據明確顯示問題所在與原因。在技術設置階段耽擱太久的客戶，大部分是國際客戶，紐澳的情況尤其嚴重。部分客戶缺乏軟體實現進度的原因，出在他們需要更多的資安保障。有的客戶則想要額外的功能，或是受市場情勢變動影響。學習先鋒的軟體實現計畫經理是田中英惠。高階主管團隊要求她報告近況。雖然銷售表現看起來振奮人心，田中英惠必須提醒高層，軟體實現的問題很嚴重，接著建議如何能加快進度。

故事改造前　哪些地方不理想？

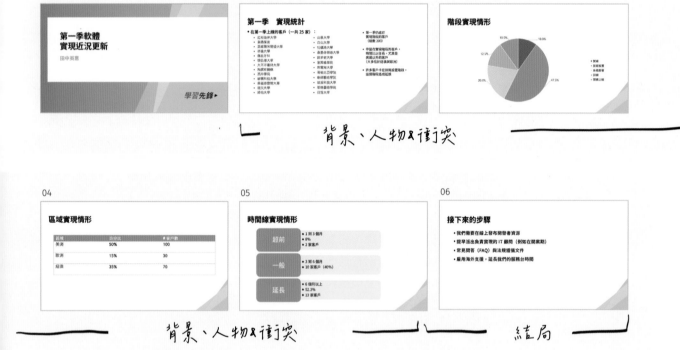

線索藏得很深……非常深

　　學習先鋒的這份近況更新報告，看上去很常規、沒有衝突，但仔細觀察，數據顯示事情不對勁，有一個明顯的衝突（如果盯得夠久的話）：50% 的新客戶實現，進度停滯，但很不幸，這個消息被藏在文字堆與看不懂的圖表裡。更多的數據依階段、區域與時間軸來透露問題，但每一個能大聲指出衝突的機會，全都浪費掉，圖表和投影片的標題都沒提。英文有一句老話：「不要指指點點說地毯哪裡髒了」，在這裡不適用。指出問題，不要在報告近況時粉飾太平。

✗沒有大創意　✗死板的標題　✗衝突被數據蓋住

01

**第一季軟體
實現近況更新**

田中英惠

學習**先鋒** ▶

← 籠統的
標題沒暗示
接下來
會揭曉的
重大資訊

02

第一季　實現統計

- 在第一季上線的客戶（一共 25 家）：

  - 紅衫海岸大學
  - 東橋保育
  - 夏維爾米爾頓大學
  - 林邊大學
  - 佩金牙科
  - 懷伍德大學
  - 太平洋叢林大學
  - 梅鐸斯機構
  - 西岸學院
  - 赫橋科技大學
  - 桑福德懷爾大專
  - 德文大學
  - 綠地大學

  - 山景大學
  - 白山大學
  - 牡蠣港大學
  - 桑墨非爾德大學
  - 歐辛吉大學
  - 里齊維學院
  - 席爾灣大學
  - 哥倫比亞學院
  - 維柳藝術學院
  - 銀漢科技大學
  - 聖綠藝術學院
  - 日落大學

- 第一季仍處於
  實現階段的客戶
  （總數 200）

- 停留在實現階段的客戶，
  時間比以往長，尤其是
  美國以外的客戶
  （大多位於紐澳與歐洲）

- 許多客戶卡在技術設置階段。
  這個階段造成延誤

沒必要
把所有的
客戶名稱
都塞進
投影片

提示了重要衝突，
但埋在很深的地方

故事改造前　哪些地方不理想？

標題
沒放進
重要洞見：
半數的客戶
停滯在
技術設置
階段

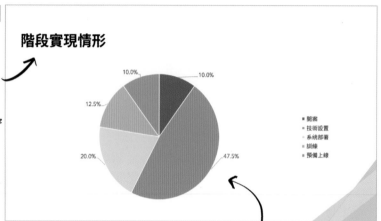

階段實現情形

- 開案
- 技術設置
- 系統部署
- 訓練
- 預備上線

10.0%　10.0%　12.5%　20.0%　47.5%

圓餅圖顯示，50%的新客戶停留在
技術設置階段，但沒以任何方式特別指出

區域實現情形

區域	百分比	＃客戶數
美洲	50%	100
歐洲	15%	30
紐澳	35%	70

意義不明
的圖表，
迫使
讀者自行
解讀數據

區域數據提供更多細節，指出實行問題
發生在哪些地區（紐澳/歐洲）

故事改造前 哪些地方不理想？

05

時間線實現情形

| 超前 | ● 1 到 3 個月
● 8%
● 2 家客戶 |

| 一般 | ● 3 到 6 個月
● 10 家客戶（40%） |

| 延長 | ● 6 個月以上
● 52.3%
● 13 家客戶 |

此表同樣未能指出關鍵的數據洞見：一半的客戶進度落後，落入「延長」的實現階段

06

接下來的步驟

- 我們需要在線上發布開發者資源
- 提早派出負責實現的 IT 顧問（例如在開案期）
- 常見問答（FAQ）與法規遵循文件
- 雇用海外支援，延長我們的服務台時間

這裡的條列式重點令人感到混亂，文法不統一──有的用動詞開頭，有的用名詞開頭

這張結局投影片講得籠統，沒明確連結至衝突

故事改造後　哪些地方做對了？

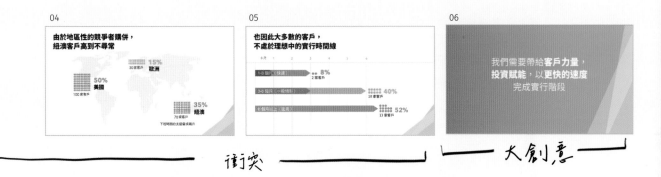

找出衝突，加以解決，你就是英雄

　　這次是正確的近況更新，有完整的基本故事架構，用背景與人物開頭，還第一張投影片就暗示了衝突：在預定的時間表上線的新客戶僅占一半。**此外**，實現進度停滯不前的情況愈來愈嚴重。（哇，不妙。）接下來，衝突升溫，指出為什麼缺乏進度（WHY）：有的客戶要求層級更高的數據安全與額外的功能，有的客戶則受到變動的市場情況影響。

　　接下來介紹大創意：**學習先鋒必須投資更理想的賦能**。故事開始講解結局──清清楚楚分成四個視覺桶子。最後以重探大創意收尾。這個實用的近況更新快速帶大家了解情況，而且非常徹底。**決策者最愛這種報告。**

故事改造後　哪些地方做對了？

01

第一季近況更新：
走向更快的實現

田中英惠

學習先鋒 ▶

標題以敘
事的如吻
預告大創意

02

第一季有 25 個客戶「上線」，
開始使用新的學習先鋒系統

25 客戶
上線
僅達預期的一半

200 仍處於實現階段
的客戶
自 2019 年 Q4 的
185 家客戶微幅上揚

處於不同階段、區域與時間軸的客戶，情形有所不同

標題運
用背景與人
物，快速
建立場景

數據暗示了衝突，準備好讓下一個路標登場

故事改造後　哪些地方做對了？

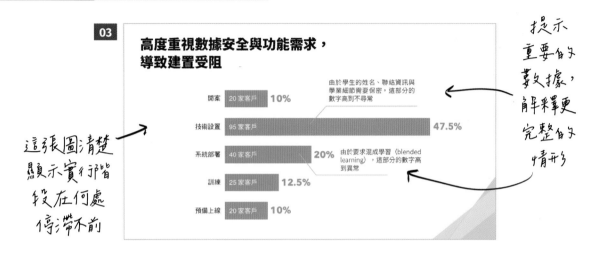

03

高度重視數據安全與功能需求，導致建置受阻

開案　20 家客戶　10%

由於學生的姓名、聯絡資訊與學業細節需要保密，這部分的數字高到不尋常

技術設置　95 家客戶　47.5%

系統部署　40 家客戶　20%

由於要求混成學習（blended learning），這部分的數字高到異常

訓練　25 家客戶　12.5%

預備上線　20 家客戶　10%

這張圖清楚顯示實行階段在何處停滯不前

提示重要的數據，解釋單更完整的情形

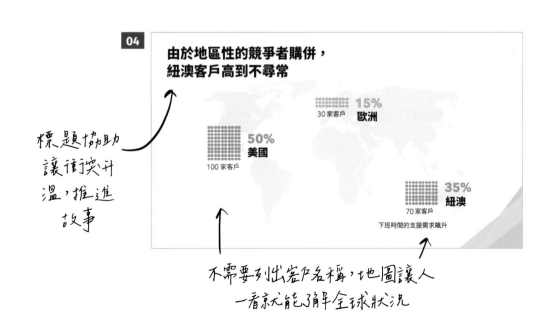

04

由於地區性的競爭者購併，紐澳客戶高到不尋常

15% 歐洲　30 家客戶

50% 美國　100 家客戶

35% 紐澳　70 家客戶

下班時間的支援需求飆升

標題協助讓衝突升溫，推進故事

不需要列出客戶名稱，地圖讓人一看就能了解全球狀況

159

故事改造後　**哪些地方做對了？**

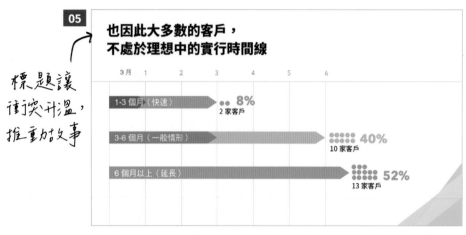

標題讓
衝突升溫，
推動故事

用清爽的圖表，呈現支持標題的數據

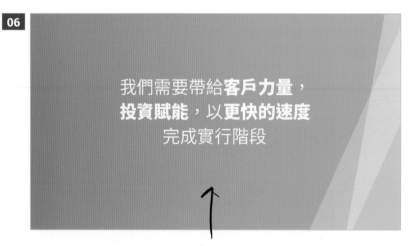

接在衝突之後，由「好處＋WHAT 陳述」
組成的**大創意**登場

故事改造後 **哪些地方做對了?**

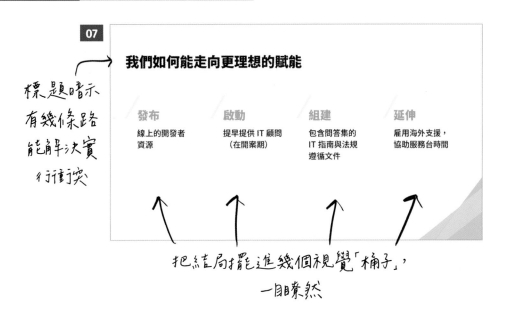

標題暗示
有幾條路
能解決實
行衝突

07

我們如何能走向更理想的賦能

發布	啟動	組建	延伸
線上的開發者資源	提早提供 IT 顧問（在開案期）	包含問答集的 IT 指南與法規遵循文件	雇用海外支援，協助服務台時間

把結局擺進幾個視覺「桶子」，
一目瞭然

08

獲得**賦能的客戶**
將加快腳步走過軟體實現

以金句的形式，再提一次**大創意**

簡而言之……

不要迴避衝突

　　這裡的原則和提出建言一樣，如果是包含衝突的近況更新，那就帶受眾走過故事的 WHY、WHAT 與 HOW。四大路標與大創意，一個都不能漏掉。如果是沒有衝突的近況更新，那就縮小規模，只放前兩個路標（背景與人物），接著提供簡單的績效評估。然而要注意，不論是專案、產品上市、顧問服務等等，很少會**百分之百**毫無問題。如果想提升你替專案帶來的價值──連帶提升你的職涯──那就得進行策略性思考。努力找出潛伏在角落的所有問題，永遠努力瞄準新機會。

　　不要只是做一天和尚撞一天鐘──你要當近況更新英雄。

第 12 章

撰寫電子郵件

　　我們都碰過寄信沒回音的時候。每個人都一樣，
斟酌了半天，戰戰兢兢，終於寫好電子郵件，結果寄出去後……
無聲無息。不過碰上這種事，其實也不奇怪，畢竟全職的工作者
平均每天會收到一百二十封信。白天工作的時候，近三分之一的時
間用在讀信與回信（承認吧，八成晚上也得繼續）。[1] 高階主管基本
上是永遠都在運轉的決策機器，他們必須回覆的東西**更是多上許多。**
我們多年研究如何能抓住忙碌決策者的注意力，有一件事錯不了：
如果你的溝通能力不足以殺出噪音的重圍，別人聽不見你要說的事。

　　這實在是不可思議，我們的業務往來少不了電子郵件，但**很少**
有人學過如何寄出不會被無視的信。所以現在就來教大家如何殺出
重圍。你猜對了──簡單來講，方法就是講商業故事。

每封信都是講故事的機會

　　我們合作過的對象，包括全球最大型、步調最快的品牌。我們
和其他每個人一樣，有時會沒**收到**回信，感到不曉得發生了
什麼事，不是很舒服。另一方面，我們自己也收過成千上萬莫名其妙
的信，有時甚至會被惹惱。顯然在寫信與收信的過程中，有大量的
力氣被浪費掉！我們非常好奇為什麼會這樣，開始認真觀察自己
與客戶、夥伴的互動，找出哪些內容立刻得到回覆，哪些則嗯……
苦苦等候。

　　我們立刻注意到兩件事：一、溝通的標準非常高。換句話說，每一封高度重要的電子郵件都應該內容完整，運用策略，想好要如何讓收信人動起來。不能匆忙寫一寫，不加標點，句子不完整（或許你認為，這會讓事情**看起來**十萬火急，但做事潦草只會讓人懷疑，你説的這件事能有多重要）。二、人們會回的電子郵件行文簡潔、抓住注意力，但不代表內容就會**非常**短（這點極度重要）。我們觀察到如果資訊出場的順序正確，細節分量適中，那麼放**更多的**資訊，其實勝過寥寥數語（別讓人看信之後滿頭問號！）。

　　不是每一封電子郵件都得是完美的故事，但顯然理想的電子郵件，有著相同的基本故事架構（道理如同所有的簡報或會議），包括一目瞭然的 WHY、WHAT 與 HOW。接下來的例子是同一封信的兩種版本。當事人是我們的兩位老朋友：和諧健康與量子航空。我們已經在先前的章節看過這兩間公司，如果還需要更多的背景故事，請回頭參考〈第 10 章：提出建議〉。

個案研究

一看就想跳過的電子郵件

　　各位可能還記得，和諧健康希望擴張旗下的緊急照護網，打進擁擠的市場，但事與願違，看病的意見調查與消費者網站的評論都顯示，患者不喜歡和諧診所的氛圍—其中又以候診室最為人所詬病。顧客體驗策略長泰瑞莎・尼爾森正準備和領導團隊開會，討論這個問題。為了替這場高層會議蒐集關鍵看法，泰瑞莎希望同事踴躍發言，替她的建言提供助力，一起改善旗下診所的候診室體驗。同一封電子郵件，以下是兩個不同的版本。

故事改造前 哪些地方不理想？

籠統的主旨欄，沒把握機會提出大創意

結局不明顯，沒詳細提出需要大家做什麼

沒提供會議脈絡，收件人疑惑為什麼會收到這封信

會議準備

TN　泰瑞莎·尼爾森 <Theresa.nielsen@harmonyhealth.com>
To　顧客體驗團隊

↩回覆　❝全部回覆　→轉寄　…

3月20日(星期三)・下午12:52

團隊好：

我正在準備下星期的會議，希望你們替緊急照護文件的「速效」那一欄提供意見。

連結在此。能否請大家看這份文件，盡快提供有用的回饋？我希望我們的文件能盡善盡美。

我會視情況編輯你們的點子。

謝謝各位替我們建議的補救措施，提供回饋與意見！

祝好，
泰瑞莎敬上

泰瑞莎·尼爾森
顧客體驗團隊

和諧健康
用愛關懷所有人

✗沒建立脈絡　✗籠統的主旨欄　✗不明確的結局請求

　　這封信完全錯過說故事的機會，訊息中沒有明確的 WHY、WHAT 與 HOW，沒有故事路標，沒有大創意。泰瑞莎或許自認這封信很簡潔，方便同事閱讀，一看就知道她想要大家做什麼。然而實際上，她以為的簡潔，反而讓人感到一頭霧水。我們來仔細看一下。

　　首先，主旨欄的「**會議準備**」毫無推動故事的功能。這封信出現在收件者的收信匣最上方時，收信人無從判斷寄信人在講**哪一場**會議，

也不知道需要做哪些準備。這個主旨欄太籠統，沒提供重要資訊，容易不被當一回事。由於主旨欄是介紹故事大創意的機會（告訴收件人你到底需要他們知道或做哪些事），這裡的寫法是大扣分。同事的目光掃過主旨欄時，一定會疑惑泰瑞莎要他們點選的文件是什麼（WHAT）。

再來看這封信的正文。很不幸，四大路標都沒登場。先來看脈絡（WHY）。信中的措辭會讓收件人疑惑，為什麼他們會收到這封信：**我正在準備下星期的會議，希望你們替緊急照護文件的「速效」那一欄提供意見**。

同事會想：接下來要開什麼會？參加這場會議的人是誰？開會的目的是什麼？很多時候，電子郵件的脈絡是以口頭的方式告知，但後續的電子郵件要是沒有前情回顧，再次建立脈絡，人們會弄不清楚狀況。泰瑞莎應該先提供背景與人物，替同事更新近況。

還有沒錯，泰瑞莎這裡也漏提衝突，沒實際指出大家必須試著解決什麼問題。泰瑞莎假設每一位收到信的人，全都知道這件事有多急（如果他們能猜出究竟是什麼事），把信移到「立刻回覆」的郵件匣。

最後最關鍵的一點是沒有結局。泰瑞莎提出請求，但沒給任何特定的細節。她希望同事提供回饋，但哪種回饋？她沒說出衝突與大創意是什麼，同事不太可能知道她想看到什麼回饋。此外，泰瑞莎沒提供最後期限，也沒真正號召大家動起來，導致這封親切簡短的信，很快就會放著生灰塵。

故事改造後　哪些地方做對了？

大創意 ｛ **需要各位在星期四之前，替資深領導簡報的「速效」部分提出回饋**

TN　泰瑞莎・尼爾森 <Theresa.nielsen@harmonyhealth.com>
To 顧客體驗團隊
回覆　全部回覆　轉寄　…
3月20日(星期三)，下午12:52

（第一行就用背景與人物建立脈絡）

團隊好：

背景與人物 ｛ 各位都知道，我們下星期二要和資深領導團隊開會，替如何能改善我們的緊急照護體驗，簡報我們的洞見與建議。

衝突 ｛ 我們將在那場會議分享相關的數據，解釋令人不愉快的候診區，是患者不願意再使用我們的緊急照護的頭號原因。雪上加霜的是，和諧健康收到的顧客負評愈來愈多。我們的表現因此落後於競爭對手。

（明確指出衝突，收信人明白重要的後果）

大創意 ｛ **為了協助扭轉情勢，我們需要幾個團隊能快速執行的「速效」方法。**

（換一種講法重申大創意，文字加上顏色醒目提示，重申WHAT＋好處）

結局 ｛ 我需要各位做一件事：請閱讀與確認這份共享文件，最晚星期四下班前完成。

- 加上任何漏掉的建議
- 分享上次開完會後，你想到的新點子
- 找出需要拿掉或修改的部分

（這個結局一目瞭然、最後收尾，指定明確的時間）

感謝各位提供回饋與意見！

祝好，
泰瑞莎敬上

泰瑞莎・尼爾森
顧客體驗團隊

和諧**健康**
用愛關懷所有人

✓ 主旨欄＝大創意　✓ 先建立脈絡　✓ 明確陳述衝突

終於……有說出故事的電子郵件

你看，泰瑞莎新一版的電子郵件說出了故事，同事更可能回覆她的請求。首先，你會發現——沒錯——這封信比前一封長，但沒關係。信中如果提供收信者有意義的脈絡，那麼長一點也無妨。

主旨欄直接大聲說出大創意：**需要各位在星期四之前，替資深領導簡報的「速效」部分提出意見回饋。**

同事立刻看到泰瑞莎要他們知道什麼與做什麼。在主旨欄放上正確的訊息，讓同事充分理解必須處理的急事是什麼，將是信會被點開或跳過的主要原因。

主旨欄是你進入收件者
注意力範圍的第一個接觸點
——一定要充分把握

接下來，泰瑞莎在信的第一句話，就開始用背景與人物建立脈絡。如果說收件人原本還有任何疑惑，現在沒有了。他們知道**為什麼**會收到這封信：**各位都知道，我們下星期二要和資深領導團隊開會，替如何能改善我們的緊急照護體驗，簡報我們的洞見與建議。**

　　同事知道自己會收到這封信，原因是他們下星期會出席一場會議。此外，泰瑞莎讓故事出現三個人物：讀者、領導團隊，當然還有她本人。背景是什麼？沒錯，其中一個是緊急照護中心，不過馬上就會碰到的，其實是那場每個人都將出席的會議！這裡用一句話就讓讀信的人知道，為什麼這封信和自己有關。

　　泰瑞莎接著在信中談到明確的衝突。他們即將向領導者報告，集團旗下的候診室讓患者不舒服，民眾下次看病不會再找他們（！）。不過，泰瑞莎立刻就端出大創意（利用黃色粗體讓大創意非常顯眼），說出如何能解決這個衝突：**為了協助扭轉情勢，我們需要幾個團隊能快速執行的「速效」方法。**

　　這句陳述包含一個**好處（扭轉情勢）**與 **WHAT（幾個「速效」方法）**。這個出現在正文的大創意，強化了主旨欄的大創意。這封信要講的事很明確。

　　泰瑞莎接著準備好介紹結局，其中包含故事的詳細行動（HOW）。她用條列的方法列出解決方案，協助同事快速看過資訊，完全清楚該做的事。

　　好了，以上這封簡單的信件，以說商業故事的手法呈現。我們再看一個例子，這次回到我們最愛的量子航空公司，看看人事副總裁馬可・瓦斯格茲，能否教我們如何在信裡說故事。

為什麼要浪費句子

卻什麼也沒說？

——賽斯·高汀（SETH GODIN）

個案研究

麻煩多來一點機師

　　我們在〈第 10 章：提出建議〉介紹過量子航空。人事副總裁馬可・瓦斯格茲向資深領導層提議如何對抗全球的機師荒。他的簡報順利進行（做得好，馬可！）。現在一星期後，大老闆想知道，他的人才延攬方案需要多少錢。以下的電子郵件請資深領導團隊的各成員，協助他加總實際的預算，提供執行相關建議的成本數據。馬可必須在一星期內，把數字提交給財務部。他得立刻讓同仁關注這件事，檢視會上的所有意見。大家都看過了，他才能統整各項財務數字。

莫名其妙的電子郵件

　　馬可和許多人一樣，還以為如果要讓人看他的信並立刻回覆，最好的辦法就是「不講廢話」。然而，惜字如金的結果，就是缺乏脈絡、意義與方向。換句話說，完全跳過了講故事。讓我們來看哪裡有問題。

　　首先第一個問題是主旨欄太死板：**為了規劃預算**。這句話非常空泛。究竟是什麼預算？為誰規劃？再提醒一遍，主旨欄是你進入收件者注意力範圍的第一個接觸點。**真的很重要**。你要在主旨欄提出大創意，也就是這次的溝通必須說出的 WHAT，否則許多讀者（快速瀏覽信件的人）有可能跳過這封信，去讀**看起來**更重要的信。

　　接下來的問題是，電子郵件的第一行沒提到任何訊息的脈絡，沒有 WHY。馬可說**「我們需要一份高階的預算計畫」**時，沒明確指出這句話是什麼意思。

故事改造前 | 哪些地方不理想？

籠統的主旨欄，沒提供大創意，也看不出這封信和收件人有什麼關係

呼籲行動，但沒有提到任何的回覆時間表

沒提供會議脈絡，直接假設收件人都知道為什麼該重視這件事

✗沒有大創意　✗未提供脈絡　✗未告知回覆時間

　　建立 WHY 能吸引每個人湊過來看。要是沒有這樣的開場白，每個人的理解會很不同。收件人可能不太記得，上星期參加過的會議講了什麼。他們有可能快速看一眼，立刻疑惑信裡的「我們」是指誰。由於缺乏背景資訊，收信人不曉得會議的背景與脈絡是什麼，他們八成會把這封信擺到一旁。你拜託他們立即回覆的請求，被擠到其他的一千個請求之後。

173

此外，馬可也沒把握住機會提醒同事，為什麼需要提出建議——危機是什麼。馬可希望介入機師荒這個重大的問題，這件事威脅到公司的成長與未來。然而，馬可沒在信中的任何地方，提及這件事的緊急程度，連帶沒能提醒大家為什麼該關切這件事（WHY）。馬可沒提到這個衝突，讓人感到他請大家做的事不急，但商務人士（尤其是高階主管）永遠會按照事情的緊急程度，排列他們收到的電子郵件請求。

最後一個問題是結局不明確。馬可要大家「取得共識」，但那是相當籠統的請求。此外，他的「愈快愈好」時間線也注定會悲劇。馬可沒提供明確的脈絡，也沒有明確的請求與截止時間，結果是眼看著一星期過去了，他得到處追著人要回覆。**哎，可憐的馬可。**

吸引注意力、刺激行動的電子郵件

現在請看另一個版本。這次的信抓住注意力，人們會回覆。首先你注意到什麼？馬可的大創意「啪」一下出現在主旨欄，立刻講出他需要同事知道與行動的事。收件人一眼就看到，知道這封信要講什麼（WHAT）。馬可需要團隊在星期三前訂出預算。讀信的人的注意力被抓住，因為這封信顯然與自己有關，還直接請他們做某件事。

收件人點開信，**砰**，在短短的第一段，脈絡就直擊眼簾：
謝謝你們參加上星期的成長規劃簡報。會中分享了人資未來十年的人才招募願景。你們在會上提出的看法十分寶貴，進一步調整修正後，放進了更新後的版本，上傳到這裡〔重要會議記錄的連結〕。各位也知道，我們的下一步是擬定高階的預算建議，交由財務部門審查與核可。

故事改造後 哪些地方做對了?

主旨和開附上
大創意,
明確指出收
件人需要知
道與做的文

大創意

請在星期三下班前,確認我們放進預算規劃的提議

 馬可·瓦斯格茲 <Marco.Vasquez@quantumairlines.com>　　　↩ 回覆　↩ 全部回覆　→ 轉寄　⋯
To 規劃團隊　　　　　　　　　　　　　　　　　　　　　　　七月八日星期三,下午4:23

嗨,鮑伯、卡林、瑪莉亞、埃彌爾、大衛、羅蘭:

謝謝你們參加上星期的**成長規劃**簡報。會中分享了人資未來十年的
人才招募願景。你們在會上提出的看法十分寶貴,進一步調整修正
後,放進了更新後的版本(請見下方)。各位也知道,我們的下一
步是擬定高階的預算建議,交由財務部門審查與核可。

雖然在近日的經濟不景氣中,航空產業面臨復甦的挑戰,全球依然
持續面臨機師短缺的問題,我們量子航空仍然需要與對手競爭機
師。我們近日的招募步調,不足以應付成長中的顧客需求。

**為了確保競爭優勢,在未來十年做到讓招募加倍,
我們需要你的配合,快速讓我們的建議成為財務投資計畫。**

我需要各位這麼做:請閱讀與確認這份新版的文件,
最晚在星期三下班前完成。請確認以下幾件事:

• 我們討論的所有關鍵改變都在這份文件中精準呈現
• 與小組分享任何的修正/變動
• 按下「回覆所有人」,確認你同意進行後續的處理

在此先感謝各位即時提供回饋!
很期待接下來我們將一起讓這個計畫成真。

祝好。

馬可·瓦斯格茲
人事副總裁

 量子
航空

背景&人物

衝突

大創意

結局

建立脈絡
後,重申與強
化大創意

結局以條
列式的行動
提供方向,
協助解決
衝突

✓ **主旨欄放大創意**　✓ **先建立脈絡**　✓ **衝突後是結局**

所以說，大家上星期開了一場會（**喔，對，那場會議啊……**），向量子的資深管理團隊提出了好幾條建議。現在財務部門想知道，那些建議會花多少錢。這裡同時點出了背景（上星期的會議）與所有的人物（財務團隊、領導團隊，當然還有馬可！）。建立背景資訊後，沒人會疑惑為什麼自己收到這封信。

好了，萬一收信人的心思還在別處（八成如此），馬可提醒大家衝突：量子如果要成長，就**必須**在全球的機師荒搶到機師。馬可在信的下一行讓衝突升溫，指出公司目前的聘雇步調還不夠快。

接下來，馬可為了處理衝突，重申大創意：為了增加公司未來的人才招募，我們必須替相關建議填入數字。這裡的大創意以「WHAT+ 好處」的形式出現。馬可明確指出：**為了確保競爭優勢，在未來十年做到讓招募加倍，我們需要你的配合，快速讓我們的建議成為財務投資計畫。**

仔細看一下這裡的「WHAT+ 好處」陳述。「為了確保競爭優勢，在未來十年做到讓招募加倍」是好處，「需要你的配合……」是WHAT。請注意郵件正文中的大創意，如何**強化**主旨欄中的大創意。這個巧妙的重複加強了訊息。馬可甚至進一步加上顯眼的黃底粗體格式，替他的大創意助陣，**大力強調**。

在大創意過後，這封信開始細談結局。這部分再次是收件人想從寄件人那得到的明確行動指示。請留意馬可是如何利用項目符號，清楚列出他需要的東西。此外，他在逐條列出之前，先明講「我需要各位這麼做」，進一步強化 HOW 的急迫性。這麼做能讓收件者完全清楚，這不是一封「僅供參考」的電子郵件，已經在推動計畫，需要收件人參與。

簡而言之⋯⋯

在郵件的暴風雪中殺出重圍

　　世上的每個角落都一樣，人們的收件匣隨時在湧入信件，其中很多永遠不會被回覆。寄件人會感到氣餒，疑惑哪裡出錯。老實講，雖然寄信是我們最常做的事，沒人教我們如何寄出理想的電子郵件，通常要有經年累月的經驗才會知道。所以來吧，少走幾年冤枉路，用故事的架構改造你的訊息，放進 WHY、WHAT 與 HOW。從這個角度切入，你將更有機會讓你的訊息，殺出每日的電子郵件暴風雪重圍，讓你的想法獲得應有的關注──並且得到回覆。

第 13 章

製作一頁報告

　　想像一下，你有機會和 VIP 共進午餐。對方願意聽你談某個大提案。你到時候不會帶著投影片和投影機出席，但你想留下資料，方便對方記住你的點子，進而影響他的決定。此時低調實用的一頁報告可以派上用場。你用餐，你提案，接著留下一張紙，上面寫著你的關鍵訊息，附上佐證的數據與事實。一頁報告不一定真是一張紙，也可以寄電子郵件，或是放上網路，但不論採取什麼形式，一定要讓人輕鬆獲得資訊，快速掃視就能懂——在任何重要的會面過後，一頁報告是完美的後續步驟。

一頁報告的關鍵是
輕鬆快速取得最相關的資訊。

　　很可惜的是，很多人把一頁報告當成塞資訊的地方，努力用最小的字體，在一張紙內放進最多的條列式重點。（是啦，嚴格來講，還是只用了一頁！）有的人則以為最好是只放幾行極簡的摘要。這兩派的作法都不對。那答案是什麼？你猜對了——一頁報告是絕佳的**說故事**園地。

然而，該放多少資訊？很簡單。當你獨立出大創意（有直接的事實與數據支撐），接著由上而下採取說故事的架構，那麼你的頁面自然會有**正確**的資訊量。以下回到我們的兩個老朋友（現在很熟了），一起看和諧健康與量子航空在兩種版本的一頁報告中，以多理想的程度傳遞了訊息。

個案研究

緊急照護只講緊急的重點

各位可能還記得，和諧健康身處高度競爭的緊急照護診所市場。然而，由於和諧旗下的候診室良莠不齊，出現病患滿意度的問題。公司打算直接處理候診室的問題，以改善患者滿意度，準備好拓展診所網絡。顧客體驗策略長泰瑞莎‧尼爾森已經和領導團隊見過面，提出她的建議（請見〈第 10 章：提出建議〉）。現在為了進一步協助高層判斷相關建議是否可行，泰瑞莎留下一頁報告（也透過電子郵件寄了電子版），上面寫著她報告過的故事大綱。我們來看泰瑞莎的表現。

故事改造前　哪些地方不理想？

令人困惑的
標題——這
裡要談的是
診所，而不是
患者的健康
（此外，沒放
進大創意）

數據令人困
惑，未明確連
結到任何事

太早就放結
局，尚未建立
任何脈絡

衝突埋在太
深的地方

和諧健康
用愛關懷所有人

患者的緊急照護計畫

- 我們需要同時做出短期（透過「速效」）與長期的改善，才能打造出五星級的體驗
- 科技必須扮演關鍵的角色，協助我們想像由創新驅動的最佳領域體驗
- 我們必須讓社群加入，建立關係，敦親睦鄰
- 和諧緊急照護的線上評分低於競爭者
- 出現負面評論。許多評論提到我們的候診室「髒亂」、「凌亂」、「亂七八糟」。這是患者不會再次選擇和諧健康的關鍵原因
- 觀察式的實地研究（造訪我們的診所）也證實網友的評論

緊急照護中心的數量與產業營收

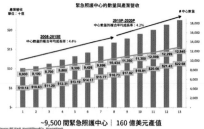

~9,500 間緊急照護中心｜160 億美元產值

致電／造訪他們的初級照護提供者　45%
前往緊急照護　25%
前往急診室　17%

顧客意見
- 「地上很髒，我的座位上還黏著口香糖」
- 「椅子上堆著過期的雜誌，還有髒紙杯」
- 「櫃檯人員必須留意候診區一團亂，但一副事不關己的樣子」

顧客意見

解決方案 1：立刻修正
- 找出我們能立刻修正的地方
- 分區擺放椅子，安排出幾個小型的候診區
- 新的乾洗手／口罩盒與資訊看板
- 用自動掀蓋的垃圾桶，取代目前的站型垃圾桶
- 更新飲水機
- 增加候診區的清潔頻率，一小時打掃兩次

解決方案 2：科技解決方案
- 運用科技帶動創新
- 新型預約與掛號 app
- 患者可以選擇使用自助報到機
- 隨選的問題回答
- 高速 WIFI 與充電站
- 我們旗下的大型中心：注重隱私的工作站與專屬安靜區
- 在十個關鍵市場測試 app 呼叫器

解決方案 3：建立社群
- 與藥局合作，提供現場領藥服務
- 社群訓練（CPR、居家安全、衛生等等）
- QR 碼數位教育素材，提供患者資訊，回答常見的健康疑慮
- 替常見的醫療需求／搜尋，提供新鮮的影片內容
- 遠距醫療與虛擬的緊急照護服務

✗ 籠統的標題　　✗ 感覺是隨機塞進大量數據　　✗ 衝突藏在太深的地方

浪費了好點子

這個嘛……我們立刻看到問題。如同〈第 12 章：撰寫電子郵件〉中有問題的信，這份報告缺少宣傳大創意的第一行字。泰瑞莎的一頁報告標題是「患者的緊急照護計畫」，聽起來更像是在談患者的事，而不是診所議題！此外，這張報告從頭到尾的另一個大問題，同樣是缺乏有意義的標題。從報告前三分之一的條列式點子，到中段的數據，再到底部的三欄解決方案，沒用邏輯串在一起。一眼從上瞄到下的時候，標題未能連接每個點子，訊息是斷裂的。
我們來細看一下各部分。

這份一頁報告的前三分之一，用項目符號列出很多東西。在前幾條的重點，就已經迫不及待說出結局。泰瑞莎沒先向讀者提到衝突，也沒給任何相關的脈絡，就一股腦拋出一堆東西……**拿去，這裡是幾個改善的方法**！清單的最後的確提到一些背景、人物與衝突，但更合乎邏輯的作法是在提出結局**之前**，就先提供相關的背景事實。

報告在中段的三分之一，塞進整體的市場數據。圖中提供的資訊，究竟和泰瑞莎的大創意有什麼關聯並不明顯（對了，到這裡都還沒提到大創意）。

中間這塊數據用途不明。首先是缺乏有效的標題，再來是很難從圖中發現任何有意義的洞見。**「緊急照護中心的數量與產業營收」** 這個標題很籠統，沒告訴我們任何事。別忘了，一頁報告的目標是一目瞭然──這幾張圖卻相反。雖然表面上建立了背景與人物，告知市場的整體情形，實際上讓人一頭霧水，沒有太大的用處。這份一頁報告的中段部分，的確提到患者給出負面評價的數據──這是衝突的關鍵。然而，此處的資訊**非常需要**用標題提醒讀者：這種情形事關重大。

在最後三分之一的地方，三格解決方案顯然是結局的一部分，但擠滿條列式重點，不容易閱讀，讓人懶得看。

從「倒了一堆資訊」的排版，再到各部分缺乏連結，這份一頁報告的每一件事，全都讓人更難了解泰瑞莎的點子，無法一看就懂（完全沒做到一頁報告的整體目標）。這份文件絕對能用故事架構來改善，引導讀者依據邏輯走過點子，快速理解該懂與該做的事。改造時間到了。

用一頁便能快速教學

哇，哈囉，大創意！**這個版本**才是我們要的。請留意大創意如何替這份一頁報告奠定基調，讓視線落下的第一個地方，就大大放著關鍵訊息——照顧患者，始於照顧設施環境：我們必須打造出讓人想踏進去的空間，才能提供卓越體驗。

這個版本的一頁報告，不同於前一個版本，顯然不是要談和諧健康的患者健康狀況，而是集團的設施狀態。這兩件事差很多！**「WHAT ＋好處」**構成的大創意，立刻告知讀者需要知道的事。

接下來，報告提供由背景與人物建立的脈絡，談市場上患者的整體健康偏好。最基本的一件事，是指出市場提供患者大量的選擇。雀屏中選的相關數據，提示接下來要登場的衝突。

再接下來，報告用明確的**生動標題**，一針見血指出衝突。幾個並排的數據讓衝突升溫，顯示患者目前對和諧診所評語不佳。患者不喜歡和諧的候診室，而既然和諧的市占率又是倒數的，**這件事很重要**。問題在此時浮出檯面。

故事改造後　哪些地方做對了?

用標題說出大創意，顯眼地擺在頁面最上方

精選數據，呈現背景與人物

暗示下方會出現的衝突

結局最後才放，並且放進清爽的視覺「桶子」

大創意

背景 & 人物

衝突

結局

和諧健康
用愛照顧所有人

照顧患者，始於照顧設施環境

我們必須打造出讓人想踏進去的空間，才能提供卓越體驗

期望與滿意度之間有落差

82% 健康照護產業理應符合或超越期待

49% 消費者的健康照護滿意度

碰上緊急醫療議題時，患者有幾種選擇

45% 致電／造訪初級的醫療提供者

25% 前往緊急照護

17% 前往急診室

緊急照護不是他們的首選

Sources: Doctor.com Trends in Healthcare Report 2018; PcW Future of Customer Experience Report

Source: Qualtrix Healthcare Pain Index 2019

不舒服的候診區
#1 患者避免使用和諧緊急照護的最大原因

令人不舒服的候診區　29%
等待時間長　11%
不友善／缺乏同理心的工作人員　9%
溝通不良　8%
看診被傳染　5%

有可能推薦

迅捷健康 12%
和諧健康 19%
WeCare 32%
DrZoom 51%
快速照護 70%

Source: Global Qualtrix Healthcare Pain Index 2019 (Unpleasant Waiting Area, Long Wait Times)

Source: MedCare Insights Group, Healthcare Providers Satisfaction Report

★★★★★
「地上很髒，我的座位上還黏著口香糖」
YELP 評論

★★★★★
「櫃檯人員必須留意候診區一團亂，但一副事不關己的樣子」
GOOGLE 評論

★★★★★
「候診室感覺又髒又老舊」
FASTMED 評論

FASTMED 評論

🏆 **速效**	★★★★★ **五星級體驗**	👥 **社群**
執行證實有效的方法，立刻大不同	由創新帶動的業界最佳體驗	敦親睦鄰，方便取得服務
• 消毒器具 • 免觸碰的自動垃圾桶 • 增加清潔頻率	• 新 app • 自助機 • 隨處取得服務 • 高速 WiFi • 注重隱私的工作站	• 領養 • 社區工作坊 • 數位教學教材 • 遠距醫療／虛擬服務

✓ **大創意擺在顯眼的最上方**　✓ **接著讓脈絡與衝突登場**　✓ **輕鬆就能掃視結論**

接下來在最後的部分，報告開始提出結局：我們可以用以下的方法讓患者回心轉意。

這裡提出的每一種解決方法都很明確，直接對應到先前提到的衝突。泰瑞莎用了簡單的顏色區分技巧，「分桶」呈現資訊，小心控制文字量（沒錯，這裡用了條列式的方法……但沒有貪多），進一步強化效果。最後，一頁報告提出衝突後，不必重複大創意，透過結局的標題來強調即可：照顧患者，始於照顧設施環境。

好了，以上用一頁的空間說完了故事。我們來看另一個例子。

寫作是 1% 的靈感

以及 99% 的刪減

——路易絲·布魯克斯（LOUISE BROOKS）

個案研究

消失的飛行故事

嗨，量子航空，以及我們忙碌的人事副總裁馬可·瓦斯格茲，又見面了（先前在〈第 10 章：提出建議〉介紹過）。以下是馬可在領導團隊面前做了大型簡報後，他留下的一頁報告。別忘了，他才剛提議完量子該如何應對全球的機師荒問題，以免公司的成長受阻。馬可希望透過一頁報告留下關鍵重點，協助領導團隊決定是否採用他的建議。我們來看他第一版的嘗試效果如何。

馬可有幾個嚴重的問題。

首先是標題過於籠統：未來的成長規劃（如果這稱得上標題的話。有效的標題應該提供真正的消息）。簡單來講……不能這樣寫。這個無聊的標題無法激起好奇心，讀者不會想知道剩下的一頁報告寫些什麼。此外，也不太能讓人回想起馬可提出的建議內容，或是他最初為什麼要那樣提議。如果要吸引注意力，讓人想起先前的報告，就應該在頁面最上方的黃金位置，**大聲說出**大創意。好了，我們繼續看下去。

這份一頁報告的第一部分（你猜到了）全是結局。馬可立刻塞進文字密密麻麻的招募計畫。這麼做有問題的原因，在於一頁報告要能快速喚起對整場簡報的回憶。如果領導團隊的成員在幾天後，看了一眼這張紙，馬可提到的解決辦法將顯得沒頭沒尾。看的人需要由背景、人物、衝突建立的脈絡，才能充分想起為什麼馬可提到的結論很寶貴。

故事改造前　哪些地方不理想？

籠統的
標題
沒提到
大創意

未來的成長規劃

未來的成長規劃

機師人選拓展方式

- 擬定導師計畫，確保新進機師準備好加入量子航空，可以開始工作。
- 在接下來的六到十二個月，擬定新的篩選與挑選流程，並開始執行。
- 透過訓練與指導，培養未來的機長人選。
- 推出順應潮流、以數據為依歸、量身打造的新型訓練。
- 執行新型的能力差距與機師表現評估。

瞄準女性機師

- 在全球的商業航空機師中，女性今日占 5.4%。
- 增加我們雇用的女性機師人數。打造更替女性著想的班表、文化與工作政策。
- 擬定發展與飛行訓練贊助計畫。
- 透過角色模範與早期的 STEM（科學、科技、工程、數學）課程。
- 吸引更多年輕女性投身航空事業。

吸引未來的人選

- 在全球的商業航空機師中，女性今日占 5.4%。
- 增加我們雇用的女性機師人數。打造更替女性著想的班表、文化與工作政策。
- 擬定發展與飛行訓練贊助計畫。
- 透過角色模範與早期的 STEM（科學、科技、工程、數學）課程。
- 吸引更多年輕女性投身航空事業。

故事一開始
就說出結
論，尚未介
紹背景與人
物——到底
為什麼該關
心這件事？

吸引未來的人選

背景與人物
出現在
結局之後
（太晚才登場），
而且附上無關
緊要的數據

我們這樣規劃的理由

成長

- 2010 年至 2030 年之間，乘客數量預計會加倍，年均複合成長率達 3.5%
- 在 2000 年，一般民眾每 43 個月才搭一次飛機。2017 年，每 22 個月搭一次。
- 成長將來自亞洲。

機師組成

- 2027 年的機師，有五成尚未開始訓練。
- 美國的飛行學生中，女性占 12%，呈現強勁的上揚趨勢。
- 2003 年至 2016 年間，完成航空公司／商業／專業機師與飛行人員學校課程的人數減少 35%
- 完成商業航空課程與飛行時數，取得飛行資格，平均需要 $125K。

✗缺乏大創意　✗故事始於結局　✗太晚才提到脈絡

　　報告的第二部分放進幾項數據，**原本**能提供有用的脈絡（尤其是放在結局之前的話），但馬可沒告知幾項數據之間的關聯，也沒提到與先前的段落、與整體故事的關聯，感覺是隨機放的。讀者可能會疑惑，為什麼要放這些數據。全球未來十年的機師需求量（甚至放上分區圖！），和量子航空有什麼關聯？聰明的讀者能否自行想出連結？的確可以。然而，如果馬可希望開完大型會議後，他的一頁報告過幾天還能讓人輕鬆想起會議內容，那就要明顯點出關聯——讓讀者不必費心猜測。唉，這份一頁報告的價值急速下降。

　　馬可在最後一段，嘗試提供為什麼他那樣建議的理由，但完全放錯地方，應該先介紹這部分才對。先建立背景與人物，替故事帶來關鍵的 WHY。所有的條列式重點，那些五花八門的事實與數字證據，太晚才在故事登場，失去意義。讀者將被迫回頭往上看（看衝突與結局），才能得知這份報告究竟想說什麼。

　　我們來看馬可能否再試一次，方便團隊由上而下快速掃視一頁報告，立刻理解故事的邏輯。

一頁報告＝一眼看過去就能懂的故事。

　　哈利路亞！一開始就做對了。馬可的大創意閃亮登場，出現在最上方的標題處。由於那是我們第一眼會看的地方，故事的 WHAT 從一開始就很清楚：**健全的機師人才策略，將確保我們不會眼睜睜看著機會飛走。我們需要確保旗下的機師人數，以確保未來。**

　　這個標題明確點出馬可的故事會談雇用機師（而不是未來的成長策略）。

故事改造後　**哪些地方做對了？**

強而有力的標題，
指出故事的**大創意**

大創意 ［

背景與人物準備就緒，引出衝突

用生動的標題推進故事

一目瞭然的結局擺在最後

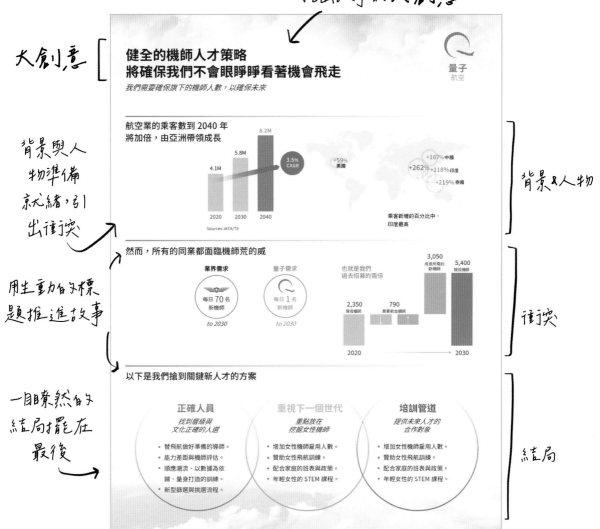

**健全的機師人才策略
將確保我們不會眼睜睜看著機會飛走**
我們需要確保旗下的機師人數，以確保未來

量子
航空

航空業的乘客數到 2040 年
將加倍，由亞洲帶領成長

4.1M　5.8M　8.2M

3.5%
CAGR

+59%
美國

+167% 中國
+262% +118% 印度
+219% 泰國

2020　2030　2040
Sources: IATA/TE

乘客新增的百分比中，
印度最高

然而，所有的同業都面臨機師荒的威

業界需求　量子需求

每日 70 名
新機師　　每日 1 名
新機師

to 2030　to 2030

也就是我們
過去招募的兩倍

3,050
成長所需的
新機師

5,400
填補機師

2,350
疫後機師

790
需要新血機師

2020　　　　2030

以下是我們搶到關鍵新人才的方案

正確人員
*找到層級與
文化正確的人選*

* 替飛航做好準備的導師。
* 能力差距與機師評估。
* 順應潮流、以數據為依歸、量身打造的訓練。
* 新型篩選與挑選流程。

重視下一個世代
*重點放在
挖掘女性機師*

* 增加女性機師雇用人數。
* 贊助女性飛航訓練。
* 配合家庭的班表與政策。
* 年輕女性的 STEM 課程。

培訓管道
*提供未來人才的
合作對象*

* 增加女性機師雇用人數。
* 贊助女性飛航訓練。
* 配合家庭的班表與政策。
* 年輕女性的 STEM 課程。

背景&人物

衝突

結局

✓ **大創意放在最上方**　✓ **每個標題都推動故事前進**　✓ **易於掃視的結局**

　　接下來，馬可以正確的順序放進路標。首先，他讓背景與人物登場，提供脈絡，又以相關的數據佐證。在亞洲的帶動下（背景），尤其是增幅最高的印度（背景），乘客（人物）將在二〇四〇年加倍。

　　在第二部分，馬可談論威脅到所有航空公司的機師荒（衝突）。馬可再次選擇放上精選數據，證明衝突的真實性。隨著視線由左到右，馬可讓衝突升溫，又放了一張整體產業的機師需求圖。他替數據下了有力的標題，從公司該如何跟上成長力道的角度，指出量子航空面臨的衝突：需要我們過去招募的兩倍。

　　馬可在最後一部分提供三種結局。這次結局出現在**正確的**時機。讀者已經感到有必要關注機師荒的問題，準備好認真看待馬可的建議。馬可做得漂亮，把解決辦法分門別類放進容易閱讀的桶子，一個桶子專注於一件事。如同和諧健康的一頁報告，這裡也利用結局的標題強化大創意。馬可明確指出量子航空需要新血，而他有搶到人才的計畫。**馬可，幹得好！**

簡而言之……

一頁就得說完所有的事

　　不論是和潛在的銷售客戶吃飯、向執行團隊提供建議，
或只是想讓人想起你的訊息，簡單的一頁報告將是你
強調點子的好幫手。一頁報告很短，放的全是你要傳遞的
關鍵訊息，很容易就能交給受眾（或是寄電子郵件）。
不過，為了確保那張紙對讀的人來講有價值，一定要做到
一目瞭然，方便吸收。記得要把你的點子放進故事架構——
道理如同任何類型的建議、近況更新或電子郵件，
說故事能讓決策者以最輕鬆的方式接收到訊息……只需要
一頁就能辦到，很神奇吧。

重點回顧

日常說故事

建議、近況更新與電子郵件

商業故事最大的用途是改造與強化常見的日常溝通。

1

提出建議

所有的建議都必須始於脈絡（你的WHY）。方法是建立背景、人物與衝突，**這樣子**決策者才會對你的建議／解決方案（或是你的 HOW）感興趣。在你大談建議之前，先拋出關鍵的大創意，強化故事的 WHAT。

2

提供近況更新

近況更新讓人有機會展示掌握專案的能力。專案有可能出現衝突，也可能沒有。如果有衝突，那就利用基本的故事架構（WHY、WHAT 與 HOW）揭曉與解決議題。沒有衝突？那就只需要介紹部分的故事元素（背景、人物與大創意）。

3

撰寫電子郵件

每一封電子郵件都是説故事的機會。
簡潔雖然好，仍然要利用基本的故事
架構注入意義──把大創意放在主旨欄。
永遠從脈絡（背景、人物、衝突）起步，
最後以結局收尾。如果想快點收到回信，
記得要明確指出收件人扮演的角色，
以及他們需要採取的行動。

4

製作一頁報告

在重要的會議過後，用一頁報告
提醒決策者你的關鍵重點。永遠不要
塞進太多的資訊或數據。每個段落要層
次分明，先放大創意（從最上方開始），
再來是故事的四大路標，並以生動的
標題串起一切，順暢連接報告的
每一個部分。

PART 5

可是等一下！

我如何能彈性調整故事？

第 14 章

「受眾就是一切」宣言

開玩笑的。本章**不是**宣言，但快點圍過來，現在是「老實說」時間。我們來聊一聊你每天會互動的人，包括你的上司、你的員工、你的顧客、你的投資人、你的夥伴，反正你懂的……就是會接收你的點子的人。為了照顧到所有人，可別漏聽以下的話：

最會說故事的人懂得走出自己的世界，**替受眾設身處地著想。**

當你在說故事——或是以任何方式報告點子——想一想你的受眾是誰、他們的心態是什麼。問一問三個問題：**受眾的世界正在發生什麼事？哪些人事物對他們來講很重要？他們面臨哪些挑戰（一至多個）？**

不論**你**認為某個故事有多精彩，如果故事**與你的受眾有關**，他們更可能被這個故事吸引。此外，由於你希望說動受眾、改變受眾，或是鼓勵受眾，受眾的意見才重要。一定要給出他們需要的東西。

事情與你無關。永遠與你的受眾有關。

最會說故事的人
懂得走出自己的世界，
替受眾設身處地著想。

把重點放在受眾身上，聽起來順理成章，畢竟我們大部分的工作時間，全是在試圖說服受眾（尤其是決策者）**做**某件事──想辦法讓他們點頭答應。

然而，在旅館房間加班到很晚的時候，正當我們為了早上八點要用的簡報，手忙腳亂生出投影片，我們很容易忘掉受眾。一個不小心，七拼八湊後，出現了我們說的**科學怪人簡報**。

那要如何避免生出科學怪人簡報？方法是制定一套常規的流程，構思故事時要固定做到，確認做了足夠的盡職調查，找出受眾的需求。

受眾的觀點會受他們扮演的角色影響

身處不同層級與職務的人，觀點將極為不同。非常值得花時間了解不同的觀點，因為受眾會如何回應你的故事與互動，將受到觀點影響（連帶大幅影響你該選擇強調的訊息）。

你面對的是高階主管與關鍵利害人？中階主管？獨立貢獻者（individual contributor）？每一種受眾會有完全不同的需求與優先順序。

高層負責批准

分秒必爭的高階主管與關鍵利害人，每天大部分的時間都在批准事情。他們看的是大方向，隨時都在權衡利益 vs. 風險，以及長期的策略影響。當然，他們還會考量需要多少投資。

經理能幫忙使力

中階主管不一定是最後定生死的人，但具備影響力。如果他們喜歡你的點子，有可能協助推動。此外，中階主管看重你的點子將如何影響日常的策略，以及該如何評估成不成功。

獨立貢獻者讓事情付諸實行

負責執行點子的第一線人員，在乎點子與他們的關聯。獨立貢獻者想知道，你的建議將如何影響他們的日常營運。

你的故事愈照顧到受眾的特定觀點，他們愈會感到與自己有關

抽絲剝繭

好，那要如何真正了解受眾的觀點？你需要化身為神探夏洛克。讓我們先回到本章開頭的三個問題：

✓ 受眾的世界正在發生什麼事？

✓ 他們在意哪些人事物？

✓ 他們目前面臨哪些挑戰？

這幾個問題的答案，將帶你走向故事的 WHY。讓我們來看，每
一個問題如何連結到前三個故事路標。

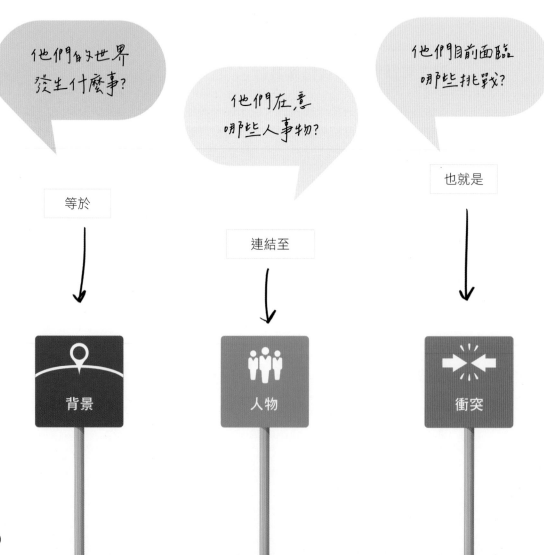

受眾的屬性十分不同

無法一招走天下

那我如何能改造故事，配合不同的受眾？

　　現在你知道不同受眾有不同的需求，你得自行找出你的訴求對象**是誰**，依據他們的需求來改造故事。也就是說，你有可能需要配合受眾來調整、延伸或刪減故事元素。簡單來講，你需要讓故事有彈性。

讓我們回到基本的故事架構，了解讓故事有彈性有多簡單

　　別忘了，所有的好故事都有 WHY、WHAT 與 HOW。背景、人物與衝突三個路標出場後（順序隨意），連帶有了 WHY。此時故事有了**脈絡**，給了受眾在乎的理由。WHAT 則是指你的大創意──最重要的重點或關鍵的主要資訊──以及**一定**得讓受眾因為故事記住的一件事。HOW 是結局：也就是你的推薦、解決方案概要、提案等等。

預告時間

　　如何能讓故事有彈性，適合不同的受眾？想了解的話，讓我們暫停一下……瞬間移動到辦公室。下一章會看我們再熟悉不過的各種會議場景，每個人都碰過那幾種時刻。

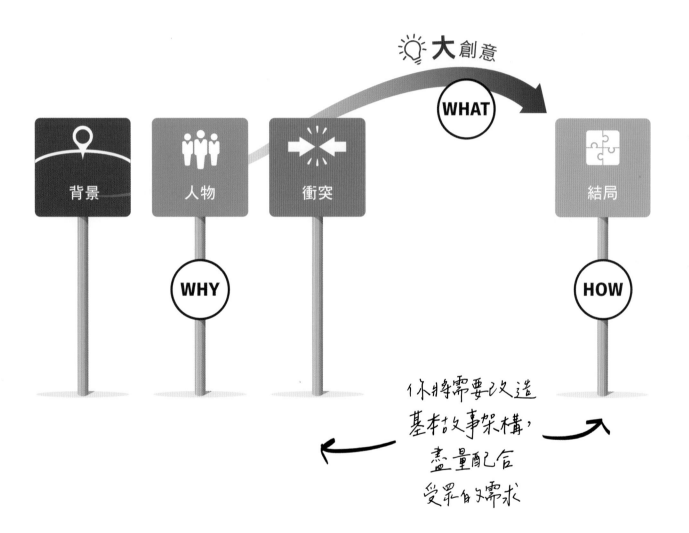

第 15 章

你有五分鐘時間
向高層報告⋯⋯計時開始！

想像你的團隊花了好幾個星期準備一個大提案。你們投入無數小時，研究即將面對的執行團隊。每個人緊張萬分，希望這場沙盤推演過無數次的三十分鐘簡報，將旗開得勝。要是成了，所有人都會**臉上有光。**

然而，糟糕，即將聽取簡報的資深主管團隊⋯⋯他們的行程要來不及了。

現在只給你五分鐘。

所以該怎麼辦？如何把精彩的三十分鐘，砍成五分鐘？

這種事很常見，**永遠**都該未雨綢繆。畢竟人人都曉得，高層經常沒時間、沒力氣看你的東西，有時甚至脾氣暴躁！你永遠都要準備好迎接突發狀況。

以下來看如何改造你的基本故事架構，立刻回應這種時間一分一秒消失的可怕情境。

採取轉向策略

　　商業世界最近在瘋什麼事？答案是**轉向（pivot）**。你和高階主管溝通的時候──或是任何關鍵利害人──你必須夠有彈性，配合他們的需求轉向。核心的故事架構是你的基礎，先從大創意開始（記住，那是故事的 WHAT），留意受眾給出的任何回饋。如果他們要求你提供**更多**脈絡，那就回頭提供故事的背景、人物與衝突（WHY）。這部分用口頭或視覺的方法進行都可以，提供**非常**短的背景解釋。

　　不過，如果高層或關鍵人士不耐煩，要你直接跳到結論（前提是他們已經接受你的大創意，不要求得知更多的前因後果），你可以前進到 HOW ──也就是結局。別忘了，結局的環節要提出讓人眼睛為之一亮的具體計畫，而且隨時被問到，隨時能提供更多細節。

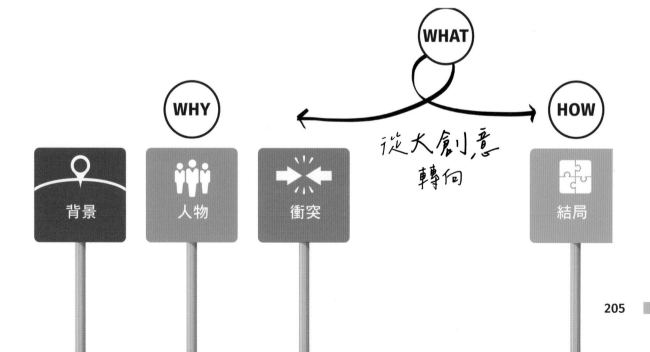

轉向不難，但前提是故事熟稔於心，見機行事

當然，有辦法正確轉向的前提，是你對故事已經熟到不能再熟。彈性可說是最重要的技能，你要想辦法學會。沒錯，你已經準備好順序正確、結構正確的故事，但也得準備好脫稿演出。

你必須永遠準備好不按照順序或是以非線性的方式說出故事

每種受眾需求不同。你說故事的時候，將得左左右右，來來回回，上上下下，說到不同人的心坎裡。為了讓你（和受眾）不至於在故事裡迷失方向，你需要錨點—也可以說是基地，一個你轉向時的樞紐。你的大創意永遠是那個錨點。

注意受眾提供的線索

做好轉向的心理準備很好，但意思不是你該跳過重要的故事元素。前文提過，設好背景、人物與衝突是你讓受眾感興趣的方法，讓他們有關心的理由。即便只有幾分鐘可以報告，仍然至少該用三十秒至六十秒的時間，以口頭的方式設定一些脈絡——也就是故事的 WHY。不過，如果你面前的人已經非常熟悉者件事，那就立刻提出大創意，接著快速談結局。

以保持故事完整性的方法有彈性⋯⋯不要東砍西砍

我們來看轉向策略將如何影響你的投影片（如果你在報告時，以視覺方式說故事）。好消息是你最初的線性故事將保持完整，不需要刪掉幾張投影片，或是調動順序，調來調去。方法很簡單，只需要隱藏想跳過的投影片就可以了，完全聚焦於受眾感興趣的部分。不過再提醒一遍，如果是五分鐘就得匆忙結束的故事，那就從大創意的那張投影片講起。

隱藏投影片、超連結與著陸頁，哇！

你將需要幾個簡單的技巧與工具，協助你隨機應變說故事。為了在故事裡流暢轉向，你需要知道如何隱藏投影片：**你自己**還是看得到，但受眾看不到。開會的時候，就能在投影片裡跳來跳去，又不會手忙腳亂，急著略過不必要的畫面。

在幕後隱藏投影片，
掌控受眾看到的東西。

如果突然需要跳到結尾，不必一直點一直點，跳過線性故事中的每一張投影片，才能抵達最後的部分。最好的方法是製作著陸頁，放進簡報其他環節的超連結——有點像首頁的概念。

個案研究

轉向策略操作法

　　以下用前幾章介紹過的保險故事脈絡，帶大家看轉向策略，解釋如何操作投影片。你或許還記得，那個故事談接觸新的保險購買者。如果必須在時間縮短的情況下簡報故事，有可能沒時間展示WHY 投影片。你將得首先說出大創意：「為了觸及未來的保險購買者，我們需要在他們的購買流程中建立關聯性。」接下來，你**停頓**，請受眾回饋。

　　方法是問他們：「**各位是否想了解，為什麼我們需要與年輕一代的保險購買者，建立關聯性？還是你們想知道，我們如何能建立關聯性？**」

　　這裡是在試著找出，受眾是否想知道更多的背景（WHY），或是想直接跳到執行（HOW）。得到受眾的回應後，立刻轉向他們的需求。

永遠跟著
受眾的反應走。

與你的受眾建立對話，把資訊流的控制權交給他們

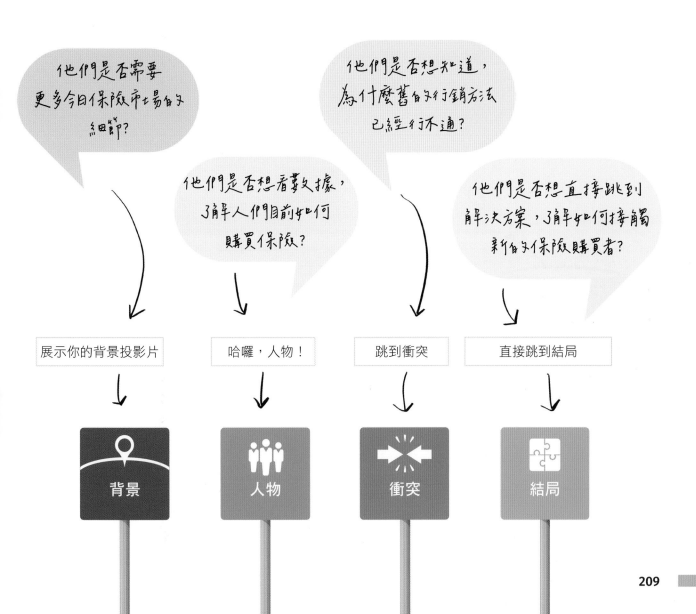

不要更動故事的結構，保持線性順序。為什麼要這麼做？因為這樣一來，就不必替同一個故事，製作好幾個版本（嘿，可以省時間！）。差別在於現在除了開頭的大創意投影片，其他每一張都隱藏起來。在你按下超連結、進一步探討之前，不要展示其他的投影片。換句話說，你準備好從「基地」（你的大創意）出發，朝任何方向前進都可以。

重點回顧⋯⋯

放棄掌控⋯⋯以取得掌控

　　有的人會感到轉向策略很複雜，但實際上這個策略能讓你掌控故事。任何能讓會議與對話變成雙向溝通的事——相較於你一個人唱獨角戲——都能展現你熟悉自己的材料，運籌帷幄。

當你見機行事，
協助高層快速做出決定，
你在他人眼中的
可靠程度便會提高。

　　當你證明你理解對方的世界，在老闆、顧客、團隊，或是任何你面對的人眼中，你會變得更有價值。轉向是致勝的策略，因為發生出乎意料的狀況時，例如報告時間被縮短，或是受眾中有人提起別的事（是不是很熟悉的場景？），你將不會顯得慌亂。事實上，在我們訓練過的跨國與財星 500 大企業，就連最內向、最緊張的報告者，有了轉向策略後都信心大增，「掌握全場」。

第 16 章

受眾很多元⋯⋯

如何讓每個人都開心？

　　萬一你的受眾什麼人都有，他們擔任的職責各有不同，利益相互衝突，而且有的人懂得多、有的人懂得少，那該怎麼辦？總不可能用同樣的故事，也能照顧到**所有人**的需求，對吧？

　　事實上，你有可能辦到。

　　這種場景十分常見。如同轉向策略，你將需要調整基本的故事架構。關鍵的元素與架構不用動，但碰上多元受眾時，將必須擴充你的故事。

擴充故事的奇妙效果

　　首先，你必須考慮到受眾中的所有主要成員。如果你希望照顧不同利益團體的需求，你需要在故事裡介紹數個人物。每一個人物八成會面臨自己獨有的衝突。為什麼要這麼做？因為每一個衝突，將對不同的團體來講有特殊意義。

　　有的故事**或許**有辦法找出每個受眾共同的衝突。然而，這種衝突通常很難找，更常發生的情況是根本找不到。所以大部分的時候，如果有各式各樣的受眾，你得準備好介紹多種人物與衝突，但永遠只需要一個整體的大創意。

用一個大創意，
串起故事裡的
每一個人與每一件事。

　　假設你試著向公司的管理高層，提議全新的服務點子，結果技術長潘恩只對技術規格感興趣。人資部的羅伯特則想知道，這個計畫將需要招募多少新員工。財務長瑪麗亞只關心新服務將歸給哪張損益表。沒錯，表面上你的受眾只有一個，你要向「高層」彙報，但實際上，你（至少）面對著三個受眾。

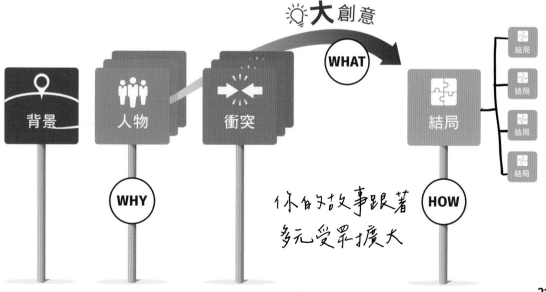

　　你從略為膨脹的 WHY（背景、人物、衝突），前進到 HOW（你的結局）。我們建議這裡可以利用著陸頁，把結局分成幾條明確的道路，一條路解決一種你提到的衝突。還有別忘了，每一個衝突直接對應到多元受眾的不同需求。

　　當然，永遠要保持彈性，想辦法與受眾互動。永遠不要假設每一件事都必須用線性的方式呈現。受眾來自四面八方的時候，尤其要注意，因為可以確定的是，不同的人將對故事中的不同細節感興趣。

個案研究

在學校推銷筆電

　　有一次，我們舉辦了企業說故事工作坊。學員 A 是電腦硬體大廠的銷售經理。她提供的例子很適合說明挑戰性強的多元受眾。A 負責向教育客層推銷科技解決方案（例如筆電、桌電、工作站、為學習設計的數位裝置，以及能在教室存活的耐用產品）。A 在接觸校方時，受眾永遠極度混雜。她必須向滿屋子的教師、IT 人員與校董提案，各方各自有特定的需求與關切。這樣的受眾無法使用「一體適用」的故事。A 想要成功銷售的話，將必須優先處理受眾的**個別**需求。

故事的 WHY 部分，介紹沒指名道姓的人物

　　「如果是教育人士，我們知道你們的時間與資源有限。如果是 IT 人員，我們知道你們想要易於安裝與維護的安全技術。如果是學校董事會，我們知道你們面對有限的學區財源。」

也可以替人物取名字

和喬、艾力克斯
與瑪麗亞打聲
招呼

| 喬 | 艾力克斯 | 瑪麗亞 |
| 教育人士 | IT 人員 | 董事會 |

以視覺的方式，
生動呈現故事
的 WHY（利用取
了名字的人物）

「喬是三年級的老師。他希望在課堂上運用科技，但時間有限，資源也受限。艾力克斯任職於中學的資訊處。他關心要有他能有效管理的安全技術。瑪麗亞是學校的董事會成員。她也樂見在課堂上使用科技，但學區的經費有限，她必須認真權衡成本與效益。喬、艾力克斯與瑪麗亞其實想要一樣的東西：平價、具備彈性、配合使用者的課堂科技。」

喬
時間有限
資源受限
陡峭的學習曲線

艾力克斯
安全技術
有效管理
教師賦能

瑪麗亞
平價科技
有限的學區財源
平等照顧到全部的學生

背景、人物&衝突

從故事的 WHY，前進到 WHAT（大創意）

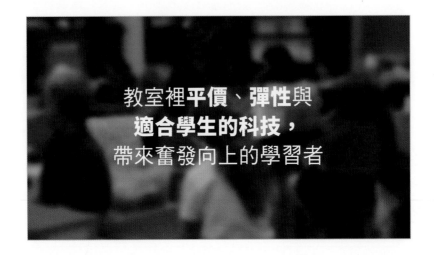

　　我們的學員 A 揭曉人物（有無名字皆可）、解釋人物遇上的衝突後，向受眾拋出大創意：**教室裡平價、彈性與適合學生的科技，帶來奮發向上的學習者**。請留意，A 的作法不是提出三個大創意，而是串起不同受眾的一個大創意。這裡是刻意這麼做。故事只能有一個大創意，要不然受眾會記不住你希望他們聽完後，絕對會知道或去做**一件事**。

從大創意出發，預告結局

　　好了，現在 A 已經清楚建立故事的 WHY 與 WHAT，準備好揭曉 HOW，也就是結局。A 為了讓故事有錨點，利用著陸頁，展示結局的多種面向。著陸頁是一種指引圖，顯示 A 的每一種解決方案，將如何解決不同受眾面臨的衝突。著陸頁讓 A 輕鬆就能深入探討每一種解決方案。

用著陸頁引發對話

碰上這種有多種走向的故事時，著陸頁是聰明的解決辦法。報告人與受眾都能看到，如果要繼續深入探討，有哪幾條路可走。著陸頁明確告知對話預備前進的方向。

著陸頁

下鑽式投影片

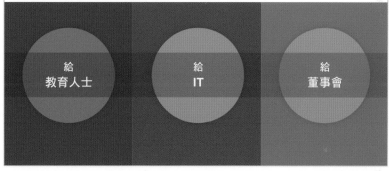

我們的科技解決方案
替學習者設計，替學校打造：

給 教育人士　　給 IT　　給 董事會

結局

下鑽式投影片提供更多細節

你需要多少張結局的下鑽式投影片（drill-down），就放多少。這裡的例子為了說明概念，每一種解決方案只用了一張投影片，但實務上你在解釋 HOW 的時候，有可能需要多張「幕後」的投影片。

第 17 章

被告知「只能用
三到五張投影片」

這種棘手的情形。**極度**常見。由於公司文化、政策、時間限制等各式各樣的原因，你必須只用幾張投影片就講完故事。

或許是上司要你挑**三張投影片就好**，方便她把團隊的點子傳達給**她的**上司。此時你面臨兩個挑戰。首先，你必須縮短你的基本故事，**迅速談到重點**。第二，你必須準備好故事，讓別人能輕鬆轉述。所以該怎麼做？（不對，答案不是縮小字體！）

只能用三到五張投影片說故事時，你有兩個好選項：選項一：以口頭的方式報告 WHY，或是選項二：以視覺方式呈現 WHY，但只占用一張投影片。如果是上司代替你報告故事，你必須判斷能否把口述 WHY 的任務交給上司，也或者他們需要投影片提供的視覺提示。換句話說，你需要在多大的程度上，牢牢掌控你的故事？

我們來細看這兩個選項。

選項 1：以口頭方式呈現 WHY

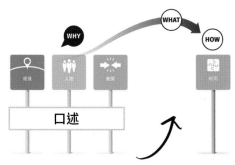

如果說故事的人是你
（或是你認識與信賴的
人），那麼很適合
採取選項一

在這種情境下，你以口頭的方式建立故事的背景、人物與衝突，接著展示你的 WHAT（記住，也就是你的大創意）。你以視覺的方式呈現完大創意後，展示 HOW（結局）。由於你能用的投影片張數很少，細節愈少愈好。

如果說故事的人是你（或你認識與信任的人），那麼很適合採取選項一。換句話說，你完全有信心故事的 WHY 能以你要的方式「如實傳遞」。然而，如果你感到可能會有問題，那麼選項二比較安全。

選項 2：以視覺方式展示 WHY

此時你將需要用一張投影片（沒錯，只能一張！），以視覺的方式展示你的 WHY。老實講，把全部的脈絡縮減成**一張投影片**，實在不容易！一定只能放**最**相關的重點。不過，如果你放的每一樣東西都支持你的大創意，去蕪存菁，還是 OK 的。

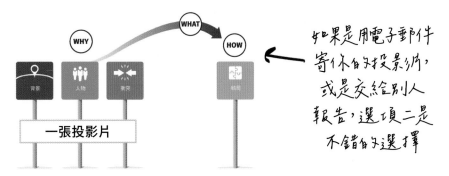

如果是用電子郵件
寄你的投影片，
或是交給別人
報告，選項二是
不錯的選擇

以下用我們的 GO 保險公司故事，看如何用一張投影片建立
WHY、用一張投影片展示 WHAT，最後只用兩三張投影片放 HOW。

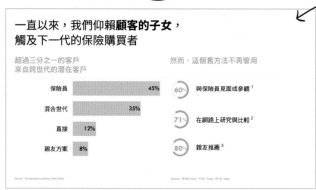

注意：
這個標
題捕捉
到故事
的讀撲

簡化 **WHY**，放進
一張投景片

WHAT 部分用一句
簡單的陳述，講出
你的大創意

HOW（結局）
最後放

第 18 章

團隊簡報：
由誰負責哪部分？

你是否參與團隊合作？我們猜大概有，畢竟每個人在
職涯的某個時間點，總有團隊協作的時刻，不是嗎？此外，你和同
事八成一起面對過某種高度重要的會議或簡報，最後成功了，獲得
很大的獎勵……**或簡直是噩夢。**

團隊合作如果是聚集各路高手，每個人施展不同的本領，那太棒
了。但缺點呢？缺點是有可能一群厲害的人湊在一起，各說各話，
最後端出前言不對後語的大雜燴。（這種類型的場景可以回顧〈第
9 章：五種歷久不衰的故事視覺化法〉。那一章討論過這種嚇人、
七拼八湊的「科學怪人簡報」。）

然而，團隊一起說故事，不一定得變成大雜燴。就算是**大型的團
隊**，也可能一起打造出前後連貫、毫不鬆散的敘事，接著以視覺、
口頭，或視覺＋口頭的方式呈現。

爲了避免東講一點、西講一點，讓人愈聽愈迷糊，你的團隊需要有計畫、**有流程**，打造與講出共同的故事。

此外，一起說故事的流程永遠先專注於故事，接著才處理視覺的部分。不論你有多手癢，在徹底確認故事內容之前，永遠別打開 PowerPoint（或是其他任何的視覺化程式）。

先講打造的部分。

一起打造，然後分開，再合在一起

最初打造時，團隊一定得齊心協力搞定三個主要元素：故事的 WHY（別忘了，也就是背景、人物與衝突）、WHAT（大創意）與 HOW 的上層預覽（結局）。

打造團隊的故事

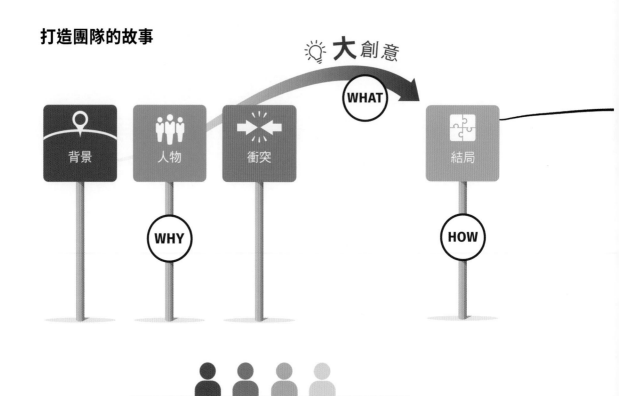

所有的團隊成員，一起想出 WHY、WHAT 與
HOW 的**預告**，確認納入了所有的觀點

　　團隊必須一致通過這幾個元素——我們舉辦說企業故事的工作坊
時，經常發現在說故事的流程中，那是最常反覆出現的部分。
隨著兩個人、三個人、四個人，或是更多人加入，大家在打造故事
的時候，把已經確定的框架當成基礎，接力製作出故事的積木。
此時會發現什麼事？當所有人都遵守共同的架構，
就能快速整齊劃一。

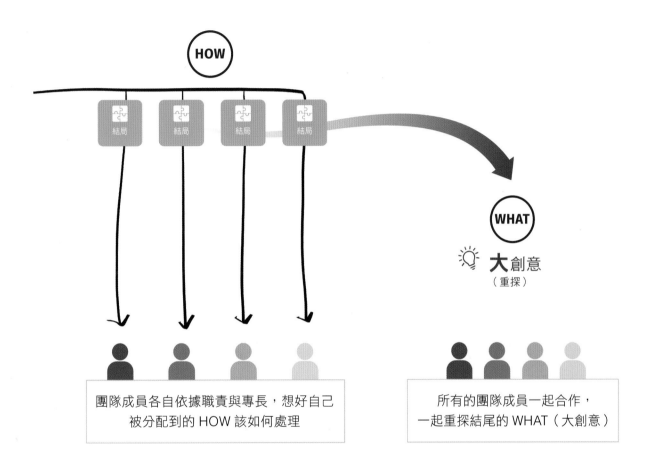

團隊成員各自依據職責與專長，想好自己
被分配到的 HOW 該如何處理

所有的團隊成員一起合作，
一起重探結尾的 WHAT（大創意）

　　團隊仔細考慮受眾後，必須決定該如何設定背景，介紹人物，揭
曉衝突，讓受眾真心想了解結局。我們在〈第 16 章：受眾很多元……
如何讓每個人都開心？〉討論過，這將需要認真檢視受眾具備的
各種觀點。

　　一旦團隊（興高采烈）通過 WHY 與 WHAT 之後，可以前進到 HOW 的預告部分。你們將在預告環節，介紹你們將兵分多路解決衝突。這裡可以想成從三萬英尺的高空，俯瞰你們的結局。

　　製作預告再次是需要加多少、就來多少遍的流程——此時團隊準備好分工，各自認領不同的領域。

　　如果是商業簡報，預告有可能採取著陸頁的形式，把結局分門別類，以視覺的方式「裝進不同的桶子」（三到五個桶子為佳）。

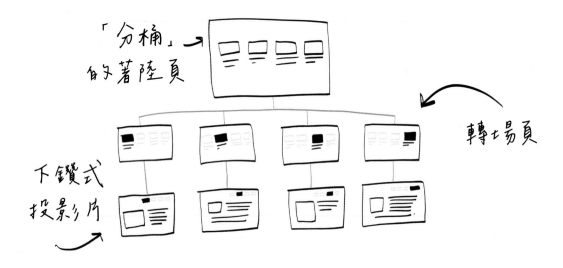

「分桶」的著陸頁

轉場頁

下鑽式投影片

　　確認著陸頁要放哪些桶子後，可以分拆團隊，每個人負責一部分的故事結局。此時每個人都有能力獨立作業，因為在打造故事架構的時候，所有人都在，尤其故事的衝突也是大家一起想出來的，每個人在負責**自己的**衝突解決法時，全都有明確的目標。此外，大家必須隨時把大創意謹記在心，讓大創意貫穿頭尾，抵達終點。還有，團隊成員隨時可以回頭，引用脈絡中的背景與人物。當然，前後的標題要永遠能接在一起。

著陸頁讓每位講者能深入講解自己負責的內容（與交棒給下一位），但不會失去流暢性。

講故事原本就容易偏離宗旨。如果團隊一起講，更是隨時要擔心不只一位講者離題。如果是大家一起想出 WHY、WHAT 與 HOW 的預告，因此可以確保每個人隨時注意到，在這場大家一起跳的「敘事之舞」中，自己所扮演的角色。

好，那又要如何替故事收尾？答案是永遠要大家一起。團隊一定要再次聚首，串起自己的部分，確認每個人分工的部分，全都能回到（反覆被提及的）大創意。此外，或許你還記得〈第 8 章：輕鬆打造大創意〉提過，如果前面的大創意採取了句子較長的「WHAT ／好處陳述」形式，那麼後面可以用短一點、類似於金句的方式，簡潔有力地收尾。

說出團隊的故事

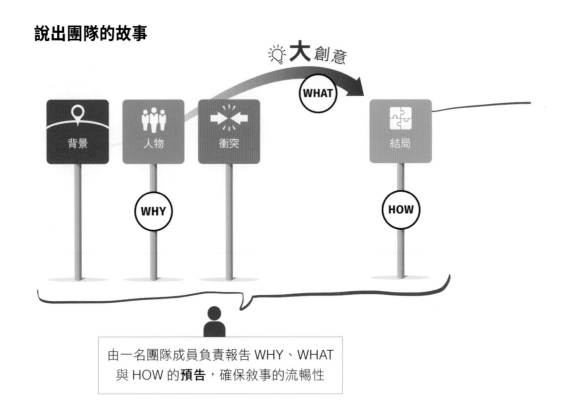

由一名團隊成員負責報告 WHY、WHAT 與 HOW 的**預告**，確保敘事的流暢性

好了，跳舞時間到了

我們把團隊一起說故事，形容為一支「舞」，因為需要**編動作**。

剛才提到在打造故事的階段，團隊**一起**奠定故事的 WHY 與 WHAT。接下來，成員各自努力自己負責的 HOW（結局）部分。最後再次聚在一起，確認所有的部分能拼在一起。

團隊上場說故事的時候則反過來。先由一個人獨舞，負責介紹故

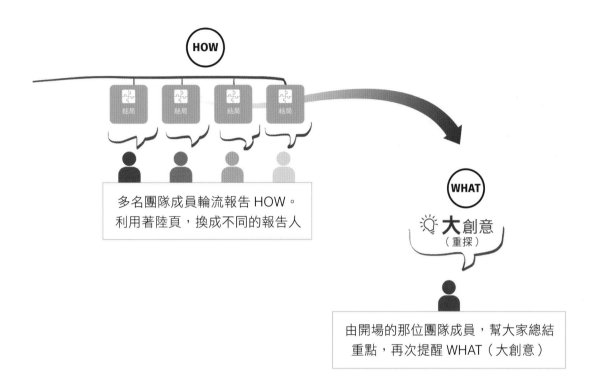

多名團隊成員輪流報告 HOW。
利用著陸頁，換成不同的報告人

由開場的那位團隊成員，幫大家總結
重點，再次提醒 WHAT（大創意）

事——這個人擔任簡報的主持人或司儀，他的任務包括建立脈絡，
介紹 WHY（背景、人物、衝突）、WHAT（大創意）與 HOW 的**預
告**（此時可以利用著陸頁）。接下來，團隊的其他成員帶著各自的
「HOW」登場。最後再由先前獨舞的人再次上場，重申大創意，結
束這次的簡報。這支經過仔細編排的「舞」，確保團隊順暢走過所
有的故事元素，在講者換手時盡量不產生干擾。不論是現場報告或
線上報告，不論是否使用視覺輔助，團隊都能出色說完故事。

　　讓我們來看，團隊在實務上如何打造與說出故事。

01

儘管全球近日面臨挑戰，業界的預測報告
顯示乘客數到 2040 年將**加倍**

02

成長主要來自亞洲，
印度出現最高的新乘客百分比成長

背景 & 人物

 馬可負責 WHY

06

我們搶到關鍵新人才的計畫

正確人員　重視下一個世代　培訓管道
找到階級與　重點放在　提供未來人才的
文化正確的人選　挖掘女性機師　合作對象

07

我們搶到關鍵新人才的計畫

正確人員　重視下一個世代　培訓管道
找到階級與　重點放在　提供未來人才的
文化正確的人選　挖掘女性機師　合作對象

08

找到**正確人員**

．擬定導師計畫，確保準備好上陣
．執行新的能力差距與機師表現評估
．推出順應潮流、以數據為依歸、量身打造的訓練
．執行新的篩選與挑選流程

50%
180%

結局

馬可用著陸頁
預告 HOW

展示轉場用的著陸頁，
交給不同的講者

查理深入第一個
結局桶子

12

打造培育管道

．與大型的航空教育機構結盟，開發飛行學院課程
．補助或贊助育有具備潛力的新人
．缺乏新型獎酬與簽約的模式模式
．顧開入職前的新進人員訓練

35%
125 K

13

我們搶到關鍵新人才的計畫

正確人員　重視下一個世代　培訓管道
找到階級與　重點放在　提供未來人才的
文化正確的人選　挖掘女性機師　合作對象

14

健全的機師人才策略
將確保我們不會眼睜睜看著機會飛走

大創意

結局

 蜜雪兒深入第三個
結局桶子

回顧結局，最後一次
換講者

馬可重探大創意

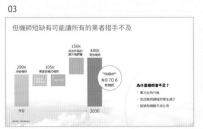

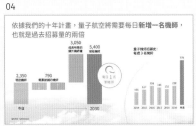

衝突　　　　　　　　　　　　　　　大創意

馬可繼續
負責 WHAT

結局

展示轉場用的著陸頁，
交給不同的講者

蘿拉深入第二個
結局桶子

展示轉場用的著陸頁，
交給不同的講者

個案研究

由團隊領航的……機師任務

為了帶大家看，團隊在實務上是如何打造與報告故事，以下回到
〈第 10 章：提出建議〉中量子航空的故事。量子航空團隊的成員

有馬可、查理、蘿拉、蜜雪兒。他們必須製作投影片，報告眼前的機師荒問題。這件事有可能嚴重妨礙量子航空成長。

　　以下是報告這個量子航空的故事時，團隊的每一位成員扮演的角色。人事副總裁馬可是這場會議的主持人。由他來展開故事，介紹背景（航空業成長）、人物（乘客、航空公司），以及衝突（由於缺少機師，量子航空無法滿足乘客需求）。

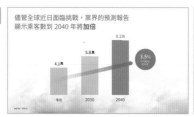

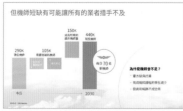
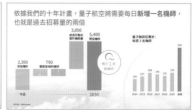

第一位講者介紹 WHY（背景人物、衝突）

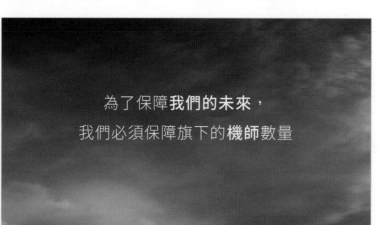

第一位講者繼續介紹 WHAT（大創意）

接下來，馬可預告團隊將提出的結局：如何解決機師荒的問題（HOW）。馬可放出團隊的著陸頁，以明顯的視覺線索，提示團隊建議以三大類的方法，解決機師短缺的危機，讓公司獲得新人才。馬可檢視三個桶子。預告頁上的這三個桶子皆以全彩呈現。

第一位
講者用著
陸頁預告
HOW（結局）

接下來，馬可利用簡單的轉換投影片，交棒給下一位講者：機師招募長吳查理。

利用換場
著陸頁
交換講者

查理接棒時，給大家看換場著陸頁，秀出第一個解決方案。方法是利用「顯目提示與調暗」的視覺技巧，強調現在要講解第一條路，並巧妙暗示下一位講者會接續講哪個部分。

值得強調的是──**這件事無論如何都要做到**──轉換講者時不能造成冷場。在打造故事的階段，就該把換人的環節融入故事。報告時，用簡短的三十秒閃過換場的著陸頁，避免在一陣慌亂中接棒。沒錯，這麼做會讓投影片變多，但是只多個兩三張，就能讓故事免於中斷。

此外，如果要更進一步，可以**事先錄好**更換講者的口頭說明，盡量以天衣無縫的方式換人，隨著內容的進展，交棒給下一位。不過有一點要注意：這裡的口頭說明不能打斷故事的流暢度。

換講者永遠是跟著內容轉換，重點不是下一個人是誰。

馬可與其他幾位講者輪流上場時，因此不說一般會講的台詞
（**「接下來的部分交給查理」**），改成跟著內容走。馬可展示著陸
頁，給大家看故事的完整結局：「以下我們將討論解決機師荒的三
條路：找到正確人選、重視雇用女性機師，以及透過結盟的方式，
拓展我們的用人管道。」〔馬可切到換場著陸頁。〕「首先由我們
的機師招募長吳查理，展示我們將如何找到正確的人選。」

此時查理接手第一個結局桶子，進一步探討該如何增加機師的
培訓、評估與篩選。

二號講者
查理
深入探
討第一個
結局桶子

查理講完後，再次展示換場著陸頁，但這次燈光打在第二個桶子
——下一個世代的焦點。人才多元專家蘿拉·辛格上場，探討雇用
更多女性機師。這次的換手同樣由內容帶動，不以口頭的方式，
長篇大論介紹下一位講者。

09

我們搶到關鍵新人才的計畫

正確人員
找到層級與
文化正確的人選

重視下一個世代
重點放在
挖掘女性機師

培訓管道
提供未來人才的
合作對象

利用轉場著
陸頁，交給
不一樣的
講者

10

壯大**下一個世代**

正確人員　　下一個世代　　培訓管道

• 擬定導師計畫，確保準備好上陣
• 執行新的能力差距與機師表現評估
• 推出順應潮流、以數據為依歸、量身打造的訓練
• 執行新的篩選與挑選流程

5.4 % 女性占全球商業
機師的百分比

12 % 的機師學員為女
性，呈現強力上
揚的趨勢

三號講者
深入探討
第二個結局
「桶子」

　　最後，蘿拉交棒給培訓長蜜雪兒・狄安傑羅。方法再次是叫出換場著陸頁，這次燈光打著的主題是如何擴充招募新機師的管道。

11

蘿拉 ③
蜜雪兒 ④

> ## 我們搶到關鍵新人才的計畫
>
> **正確人員**
> 找到層級與
> 文化正確的人選
>
> **重視下一個世代**
> 重點放在
> 挖掘女性機師
>
> **培訓管道**
> 提供未來人才的
> 合作對象

利用轉換著陸頁，交換講者

12

蜜雪兒 ④

> ## 打造**培育管道**
>
> 正確人員　下一個世代　培訓管道
>
> ・與大型的航空教育機構結盟，開發飛行學院課程
> ・補助或贊助有具備潛力的新人
> ・執行新型獎酬與簽約模式模式
> ・展開入職前的新進人員訓練
>
> **35 %** 相較於十年前，去年女性學員完成學校機師課程的比例下降 35%
>
> **$125 K** 完成商業航空課程＋飛行時數，取得飛行資格，平均需要的成本

四號講者深入探討第三個結局「桶子」

　　蜜雪兒完成自己的部分後，再次回到完整打光的著陸頁，回顧團隊指出的三條路。再次叫出這張投影片，除了能讓三種方法一覽無遺，還能順著視覺提示，把棒子將還給馬可，替故事收場。

回顧結局，
最後一次交
換講者，把四
號講者的棒
子交給一號

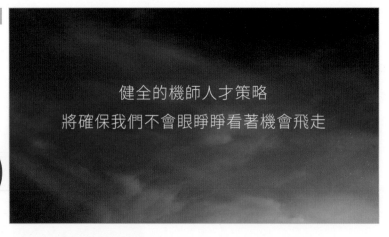

一號講者
回顧
大創意

馬可收尾的方法是以更貼近金句的方式，再講一次大創意。這個方法能以更好記的方式，重申這次簡報的目的（相較於說出和前面一模一樣的句子，感覺比較不生硬）。不過，使用金句的時候要自然，不要硬塞口號。絕對不要在故事最尾聲的地方，讓受眾感到莫名其妙。

簡而言之……

要有計畫，架設好舞台

每個人總有團隊合作的時刻，大家必須協調好，一起傳達點子，推動重要的業務。你們準備接下來的重大會議或簡報時，永遠要有一套計畫、有流程，引導大家一起想出故事，分配上台報告的順序。別忘了，這個概念不僅任何大小的團隊都適用，甚至不可或缺。

提醒大家很重要的一點：剛才量子航空故事跳的那支舞，不一定需要以視覺的方式呈現。在較不正式的場合，也可以簡單以口頭溝通的方式，就讓小組成員完成接力。不過你們也曉得，人類同時是聽覺與視覺的學習者，也因此如果是團隊的故事，視覺輔助能協助你們引導受眾，方便受眾記住你們傳達的觀點。

第 19 章

如果是虛擬受眾

你終於爭取到可以開關鍵的會議，決策者都會到場。唯一的問題？與會者到的「場」是虛擬的會議室。你平日用在真人會議的投影片，每次效果都不錯。你又是忙碌的能幹商業人士，想要節省時間。心想：**我能不能以虛擬的方式講同樣的故事？**

答案是不能。

網路環境下的說故事不一樣。你在會議室用過無數次的簡報（或訓練）投影片，在虛擬會議中的效果將很不一樣。

哪裡很不一樣？

虛擬會議這支舞，
同時由你的故事、你的視覺呈現
以及你個人的臨場感交織而成。

如果要跳虛擬會議的「舞」，你需要三個重要素材：

1

熟悉你的故事

沒錯，故事。你必須熟悉
你的故事，瞭若指掌，
不論參加**什麼**會議都難不
倒你。每個人都躲在螢幕
後的時候，更是不能冒險。
一定得利用你的基本故事
架構，精心準備好故事。

2

加進預先設計好的互動

為什麼一定得預先準備好
內建的互動？因為虛擬世界
會導致自然的肢體語言或一
般的對話出現**大**洞。
你必須製造你與受眾之間
的「自然」連結。

3

增強你的虛擬臨場感

如果能帶著精心準備的
故事出現，利用視覺與口
頭線索引導互動，你將
顯得靈活，有問必答。
你的內心將感到放鬆與自
信，勝券在握，增強
你在虛擬世界的氣場。

如何在任何故事裡加進預先設計好的互動

你可以利用**互動式的版面配置區投影片**（interactive placeholder slide），
直接在故事裡內建頻繁的互動機會。什麼是互動式的版面配置區？
它們的本質是「引導虛擬流量」的簡報投影片，以**視覺的形式**，展
示你的觀眾在某一個時間點需要知道或做的事。這種**視覺的暫停**，
可以用來提示 Q&A 中場休息時間到了，或是快速投一下票，確認大
家的理解程度。此外，也可以提供聊天室討論、虛擬白板腦力激盪
時間，甚至是小組練習的分組討論室。你不會自己一個人從頭講到
尾。你利用互動式的版面配置區，**確保**寶貴的意見回饋機會，協助
你發現與直接處理觀眾的需求。**它們是虛擬會議的生命線。**

強烈的視覺線索

能引導虛擬觀眾
讓他們知道接下來會發生什麼事
也知道如何互動

以下是幾個互動式版面配置區投影片的例子：

你可能在想：**互動式的版面配置區投影片（整體投影片的一部分），如何能搭配我實際有的線上工具，例如投票、白版、聊天功能等等？** 簡單來講，互動式的版面配置區能讓線上工具活潑起來，更加地生動，強化視覺效果，如同以下這個例子：

投票用的
版面配置區 →

＋

← 投票

＝高度互動的虛擬體驗

你的簡報內容，**以及**你的互動式版面配置區，全部放在同一個檔案裡（你可以分享或上傳到虛擬的會議平台）。互動式版面配置區提供的視覺線索，同時讓你和觀眾知道，你何時會停下來互動，啟動特定的工具。舉例來說，如果你想利用投票了解受眾的想法，那就先展示互動式版面配置區的投影片，接著立刻開啟投票（理想作法是事先就設定好）。這個視覺版面配置區與工具的組合，將帶來充分引導受眾、高度互動的虛擬體驗。

提醒一下

虛擬會議平台提供多采多姿的互動功能與工具，但永遠沒有適合所有情況的萬用工具。你應該**想好了**再用，而不是有什麼用什麼。目標永遠是在你和虛擬受眾之間，發起有意義的雙向對話。

舉例來說，投票或分組討論室，就不適合人少的會議。小型團體則適合親密一點的互動，例如聊天室討論，或是利用白板寫字（whiteboard annotation）的腦力激盪時間。反過來講，如果你的受眾人很多，那就發起投票；或是暫停一下，發起正式的 Q&A 討論串。使用虛擬的分組討論室，也是很好的選項。再提醒一遍，重點是依據受眾的人數**用心挑選**，使用正確的工具。

各位可以參考這張簡表，替不同類型的受眾，選擇常見的虛擬工具：

	小型 （1-10 人）	中型 （11-15 人）	大型 （50 人以上）
分組討論時間	✘	✔	✘
聊天	✔	✔	✘
回饋工具	✘	✔	✔
投票	✘	✔	✔
Q&A	✘	✔	✔
白板	✔	✔	✘

經過規劃的虛擬互動＝內容比面對面豐富

理想上，你可以規劃每三到五分鐘，或是更短的時間，就互動一次，因為如果你唱獨角戲的時間超過這個長度，虛擬受眾會開始恍神。沒錯，也就是相較於面對面的真人簡報，開虛擬會議的時候，你需要準備的投影片數量，八成比較多。

虛擬：每二十到三十秒一張投影片

面對面：每二到三分鐘一張投影片

如果還是不確定該如何計劃虛擬互動，可以思考三個問題：**我要以多頻繁的頻率，確認受眾的注意力還在不在？我想知道哪種資訊？哪種回饋最能協助我在線上順利講完故事？**記住：一切都和預期受眾的需求有關。我們要讓會議出現理想的結果。

個案研究

經過規劃的互動：實務篇

我們來看在真實的商業故事脈絡下，如何利用互動式的版面配置區。接下來是范達海博士的簡報。她是全球知名的睡眠專家與 Shleep 的執行長。Shleep 的企業課程協助組織在睡眠的層面，「投資」自家員工的健康，提升組織的整體表現。[1]范達海博士用以下的故事，向各式組織的人資高階主管提案。

背景與人物

互動

大創意

結局

大創意

互動

請留意互動是如何被加進敘事。**首先**是開放式的討論：趁這個機會，替會議奠定基礎，獲得想要的結果。以這個例子來講，開放討論被用來替主題暖身。范達海博士請受眾回想與分享目前的睡眠習慣。接下來，她介紹背景與人物，建立故事的脈絡：我們〔人物〕在工作日永遠處於「開機」狀態，我們用裝置埋頭苦幹，努力趕上最後期限，〔工作的背景〕努力拿出令人驚艷的表現。然而，晚上的時候，我們很難找到「關掉」的開關。范達海博士提供支持這個說法的數據：兩成的美國人睡不到六小時。這個脈絡讓受眾感到熟悉，他們的世界也有類似的現象。不過（這點很重要），范達海博士**不曾**假設受眾會認為，自己就像她提到的人物與背景。她再次提供視覺暫停，詢問：**我們沒睡飽會有哪些後果？**

衝突在此時登場，告訴受眾如果**不**採取行動，將有哪些風險。范達海博士的數據顯示，缺乏睡眠會傷害我們的行為能力、創意與整體的健康程度。接下來，博士再度暫停，請大家投票，評估受眾對這個衝突有共鳴的程度，讓受眾參與互動。接下來，博士展示大創意（也就是她希望受眾記住的關鍵訊息）：**我們需要休息與充電，才能維持高績效。**范達海博士最後提出解決辦法，解釋她的睡眠課程如何處理不良的睡眠習慣。結尾放上最後的視覺版面配置區投影片，請大家在 Q&A 時間討論她的解決方案。

所以說最基本的原則是什麼？虛擬會議**不同於**面對面的會議。你無法上線放完所有的投影片，接著就期待會神奇地出現互動。你一定得仔細安排好從頭到尾的互動步驟，把那些步驟加進結構完整的故事（有 WHY、WHAT 與 HOW）。試著這麼做，虛擬會議將不再尷尬或無聊。虛擬會議其實也能帶來高生產力。

加強你在虛擬世界的台風

　　好了，你有堅固的故事骨架，也有事先準備好的大量互動，專門替虛擬環境量身打造。不過，還有一個與人有關的元素不能漏掉。最後一件事，就是你得拿出大將之風，主持一切。這裡的大將之風是指什麼？意思是你有能力「解讀虛擬會議室」，填補空白，避免出現尷尬的沉默或隨口閒聊。許多線上會議都出現這方面的問題。

　　舉個例子來講，你可以運用事先計畫好的視覺暫停，與受眾互動，但要小心是否出現長時間的沉默，或久久沒得到回應。如果你感到受眾心不在焉，那就**確認大家是否在聽**。慢下說故事的步調，來一點即席的互動，永遠勝過放任受眾走神。

　　另一種強化你在虛擬世界存在感的方法，就是**以口頭的方式**，強調你用互動式的版面配置區投影片，在螢幕上**以視覺的形式**溝通的事。為什麼要這麼做？因為你在舉行投票活動、停下來進行 Q&A 時間，或是進行類似活動的時候，可以預期或多或少將出現尷尬的沉默時間。受眾需要時間想一想，消化你要求他們做的事，所以你需要事先準備好一些話，填補這樣的空白時間。以下是幾個拋磚引玉的例子。

舉辦投票活動時要說什麼？

你們同意或不同意？請花三秒鐘投一下票。記得要按下「送出」。

我希望聽到你們的想法。來吧，我們來簡單投一下票……

我們來快速了解一下大家的看法……我會開啟投票……

請大家回應時要說什麼？

想發問的人，可以舉手與取消靜音。我很樂意解答。

如果聽得見我的聲音，請舉手。

你們是否曾經（插入問題）？如果有，請按下綠色的打勾。如果沒有，按下紅色的叉。

發起聊天室討論時要說什麼？

請進聊天室。我們剛才放上幾個重要的連結，你們可以回顧今天的會議。

如果有任何建議，請直接簡單打在聊天室，發送給大家。

請花個一分鐘，在聊天室告訴我你的意見。我很想知道大家的看法！

簡而言之……

虛擬會議已是常態

　　每個人都需要準備好帶領成功的虛擬會議。雖然線上會議缺少面對面會議的肢體語言，絕對有可能安排**虛擬的**肢體語言。如果有扎實的故事，事先也準備好充分的互動，從頭到尾回應受眾的需求，你絕對能成功開一場不會失控的順暢會議。最後的結果？你將獲得運籌帷幄的能力，自信心大增，愈來愈有大將之風。

重點回顧

配合不同的受眾調整故事

你的受眾宣言在此

如果要讓故事打中人心，永遠得把受眾放在心上。首先，先從受眾的幾個基本問題與考量談起。我們介紹了幾種常見的場景。那些類型的商務溝通將需要你調整故事。再提醒一次：每一件事都始於受眾與你的基本故事架構。

1

受眾優先

受眾永遠是故事的第一考量。只要有可能，隨時研究受眾的觀點與他們扮演的角色。這將影響故事的安排，以及你要講多細才合適。

2

轉向策略

高階主管要在時間有限的情況下，試圖做出決定。他們將是你最不客氣的受眾。最好的策略就是準備好以非線性的方式說故事，**轉而**處理他們當下的需求與問題。

3

多元受眾

適合一種受眾的方法，不見得適合所有的受眾。準備好擴充你的故事，直球處理有各種需求的受眾。

你還會因為其他許許多多的原因，有必要延伸或縮短故事的架構，或是讓架構多元化。這裡只舉了幾個最常見的例子。只要堅守基本的故事架構，你將永遠擁有不可或缺的控場能力，有效地進行每一場的商務對話。

受眾。架構。有彈性的故事。
懂了嗎？讓我們看下去。

4

不超過三到五張投影片

為了控制冗長的會議，與會者經常被限制投影片數量，只能用少少幾張。別擔心，你可以縮減故事的路標，但仍然有很多時間帶大家走過有意義的結局。

5

團隊一起說故事

團隊故事應該建立在共同的框架上，有如跳舞般流暢地連番上陣。一起決定好 WHY、WHAT 與故事的 HOW **預告**，方便接下來各司其職，準備自己的 HOW 部分。

6

虛擬觀眾

虛擬觀眾是不同類型的受眾，你必須配合虛擬環境調整故事。先準備好故事，接著同時利用口頭與視覺的線索，加進預先計畫好的互動。這麼做將帶來什麼結果？你講故事的時候會更靈活、隨機應變、充滿自信。

PART 6

現在大家一起來：

打造共通
的說故事
語言

第 20 章

培養故事教練的文化

幹得漂亮。你已經從頭到尾了解講商業故事的基本原則，找出好故事的架構，也知道大創意扮演的關鍵角色，還學會擬定推動故事的標題。此外，你也看了數十個整件事要怎麼做的範例，希望你獲得了啟發。

不過，如果要確保你（和同事）每次推銷點子時，絕對會抓起這些工具，採取這套體系，那就絕對要加進日常流程，甚至成為組織文化的一部分。

當說商業故事
成為企業文化的一部分，
故事將產生最大的效用

我們全都見過那種瞬間橫掃大街小巷、但也很快就消失的商業潮流（黑莓機，我們快不認識你了）。說故事不是那種一時的熱潮。別忘了，我們人類已經講了幾千年的故事——只不過目的通常不是做生意。所以你如何能從「嘿，我們好像應該也來說故事」，前進

到團隊平日都這麼做？

首先，你要讓團隊、部門與最終整個組織，全都建立與強化說故事的文化。令人意外的是，這件事沒有想像中複雜。事實上，只要讓日常流程出現一個主要的變化，就讓組織裡的每個人都說「故事」：

當教練。

沒錯。你需要讓說故事變成**主管**的固定作法，也需要**同儕之間彼此輔導**。這件事需要管理者帶頭以身作則。

上對下與平行的教練關係

近年來，人們期待管理者不能只是發號施令，也不能只是身旁的指導者。現代的優秀管理者，同時也是優秀的教練。他們平日支持與引導員工，協助部屬成長。此外，他們還會做的一件事，就是強化**團隊內部**的教練風氣。

管理者若能鼓勵同仁當彼此的教練，創造高度協作的環境，事情會很不同。喬希・博森（Josh Bersin）是產業分析師與德勤博森（Bersin by Deloitte）的創辦人。他研究教練的效用後發現，由主管推動的系統化教練輔導，能培養出更傑出的領袖與改善員工留職率。[1]

所以你可能會想：**好，但教練什麼的，跟說故事有什麼關係？**關係可大了。如果能讓主管與同儕之間的輔導，成為故事打造流程的固定環節，說故事的能力會大增。教練能協助人們發現自己做到多好的程度，是否妥善編輯點子、洞見與數據，依循合乎邏輯的明確道路，交織成有力的敘事。此外，教練能協助團隊成員判斷，他們的故事是否目標明確，瞄準預設的受眾。

在打造故事的流程中，
主管與同儕之間愈常彼此當教練，
就愈能滲透進整體的文化。

基本原則是固定有教練指導時，說故事的技能就會在所有的層面快速進步。

由主管帶頭當故事教練

主管如果想鼓勵團隊踴躍說故事，**太好了！**不過在這裡提醒一下：推動這個改變主要得靠主管本人，畢竟如同其他任何的流程，控管團隊的日常流程與說故事的人，就是主管本人。如果領導者希望說故事成為員工的第二天性，**他們需要親自示範。**

不過，這種固定的協作會碰上兩種障礙。首先是時間問題。我們所有人似乎都急著做完每一件事。一個人關上門想故事，感覺會比較快。然而，匆忙端出點子永遠是短視的行為。定期接受故事輔導的人士發現，集思廣益反而能**節省**時間，因為（經過輔導）的故事，永遠能帶來更有力、更精練的成果，而且效果會持續發酵。定期的教練輔導會讓人更擅長瞄準受眾與推銷點子。

第二個障礙是分享尚未徹底想好的點子，通常會令人感到不安。我們擔心自己想錯了、害自己丟臉，像外行人在講話。所以說，如

主管必須向員工
發送訊號

他們可以安心分享點子

即便一開始不成功也沒關係

果要真正培養出優秀的說故事人才文化，主管必須盡全力減少分享帶給團隊的不安。

當主管定期當員工的教練，向他們保證犯錯沒關係，可以再來一遍，團隊會開始更能放膽去輔導彼此，接著出現更大的好處……共通的語言。

同儕彼此擔任故事教練，能讓團隊說「故事的語言」

商業故事很少是獨自一人準備與發表。更常發生的情形是團隊接下任務，眾人一起準備投影片或策略。（詳情請見〈第 18 章：團隊簡報：由誰負責哪部分？〉）如果每個人都使用共同的故事框架，了解故事的術語（例如：四大路標、大創意、生動的標題），而且大家有共識，都懂得要說故事，那麼事情會好辦許多。

擔任教練與有教練輔助，將帶來流暢的故事，提升團隊說故事的能力。

預告

擔任教練要做哪些事？

教練的任務與其說是指導，不如說是**發問**。

麥可·邦吉·史戴尼爾（Michael Bungay Stanier）在暢銷書《你是來帶人，不是幫部屬做事》（*The Coaching Habit, Say Less, Ask More & Change the Way You Lead Forever*）提到一個關鍵：任何教練的主要工作，**其實是在故事的幕後問問題**。[2]

每個人不一定天生就是好教練，不過有一件事不難學：系統性地詢問故事的邏輯與假設。由於擔任故事教練要從主管做起，讓我們先從主管講起。

第 21 章

主管促成說故事的五種方法

所以說，各位主管。（或未來的主管），我們現在專門對你說話。你懂必須由你推動說故事的文化，親自示範，擔任教練，**還要**鼓勵團隊當彼此的教練。**這個任務可不小。**為了讓你扮演的角色更加明確，我們來化繁為簡，用五個實用的方法立刻出發，同時加強說故事與擔任故事教練的文化。

1. 向部屬強調要找出受眾是誰

即便一次又一次講過大同小異的故事，例如推銷產品的簡報，受眾有可能很不一樣。受眾有可能來自不同的產業，擔任不同層級的不同職務。主管在擔任教練的時候，最好的辦法是提醒說故事的人，**仔細**想好自己將面對哪些人，確認他們依據特定的受眾，盡量讓故事配合目標受眾。

2. 提醒你的團隊：說故事的機會無處不在

團隊一旦學會經典的故事架構，了解應用在商業故事的方法，就會有很多運用的機會。主管應該鼓勵大家想辦法讓所有類型的溝通，一律使用故事的架構，包括電子郵件、行銷宣傳品、電話對話、電梯簡報等等。如果團隊成員才剛開始接觸說商業故事，尤其要特別提倡。

主管每多指出一次機會，就愈能強化說故事的意識，建立說故事的文化。

3. 鼓勵同儕持續當彼此的教練

管理者應該盡一切所能親自示範，並且把同儕彼此當教練這件事，融入打造故事的流程。最好的起步方法是什麼？正式讓大家做這件事。分配好同儕教練的組別，或是讓團隊自行選擇搭檔。

如果想真正強化這個作法，那就讓團隊在員工會議上，分享教練時間的成果，請大家討論幾件事：

✓ 你們的教練問題採取哪種方法？

✓ 從開頭到結尾，教練時間如何改變了故事？

✓ 最後的故事成果是什麼？

這麼做能以最明顯的方法，讓每個人看到同儕教練的價值。（詳情請見〈第 22 章：各就各位、預備、開始當教練！輔導同儕說故事的五個訣竅〉）

4. 設定高期待⋯⋯指出有助於職涯晉升

主管必須明確傳遞一個訊息：練習說故事是很好的能力培養活動，不過最終的目標是**以可計算的方式**改善業務。一定要替團隊合作設下高期待，挑戰團隊說出有明確結果的故事。說故事永遠是為了達成目標。

5. 考慮正式的說故事訓練

　　主管如果鼓勵大家都要說故事、認真推廣這種文化，那就應該引進正式的培訓。培訓能有效集合團隊，大家一起學習策略、提問、獲得同儕之間與專業的教練輔導，準備好立刻把學到的事應用在工作上。最棒的是，優秀的訓練人員永遠會提供重量級的強化工具，協助人們在課程早已結束後，還能持續運用接受過的訓練。

簡而言之……

> **故事同時有助於公司的目標與職業目標**
>
> 　　如果你需要再多一種方法來鼓勵團隊說故事，以下是彩蛋：
>
> 　　提醒員工，相關技能不只能協助團隊與公司達成目標，他們個人也會獲得成長，在職涯中前進。最讓主管感到欣慰的事，就是指導個人後，看到對方抓到說故事的技巧，學會拿出自信，在台上展現大將之風。
>
> 　　團隊在培養說故事能力的過程中，有可能深受主管影響，但你知道最終誰的影響力更大嗎？答案是團隊自己。**他們將影響著彼此。**

團隊每天當彼此的教練

說故事的能力因此大增

第 22 章

各就各位，預備，開始當教練！

輔導同儕說故事的五個訣竅

這下子我們知道，說故事這件事要由「教練」來推動，而率先當教練的人是主管。不過，主管不可能隨時指導團隊的所有成員。說故事文化的基礎，將是同儕之間彼此擔任教練。

同儕輔導能以三種重要的方式，鼓勵組織的說故事風氣。首先，獨立貢獻者將**獲得**智囊團。他們可以拋出點子，聽到大家的意見。我們太常獨立作業，不去請教別人的看法，或是不願意打擾忙碌的主管。如果能有友善的同儕教練環境，人們將不再害怕「占用」別人的時間，因為請團隊成員看你的故事草稿，原本就是故事打造流程的步驟。

第二，隊友能大力協助彼此說出正確的訊息，迅速找出哪些地方還需要加上事實、數據與點子，讓故事**更站得住腳**。哪些地方則過度分享資訊，主要的論點不突出。

最後，同儕教練能協助判斷事實、數據與點子，有多符合故事的架構。此時要確認納入了四大路標、大創意、生動標題，以及能強化故事的任何元素。

同儕教練應該詢問的五個基本問題

我們在〈第 20 章：培養故事教練的文化〉提過，要由主管出面示範與鼓勵同儕擔任彼此的教練。好消息是任何人都能擔任團隊成員的教練，拋出一針見血的問題，協助同仁替自己的點子負責。

1. 這個故事是否明確提及四大路標？

極簡的說故事架構，將在此時派上很大的用場。你可以把架構當成路線圖，輕鬆「打勾」，確認同仁的故事有多符合典型的故事架構。

如果是初學者，請檢查故事是否建立了真正的**背景**：

✓ 是否明確揭曉受眾的世界發生的情形？

✓ 是否說明了公司關心的市場動態？

確認故事放進了定義明確的**人物**：

✓ 故事是否出現有意義的人物，明顯代表著受眾？

✓ 人物是否正在處理受眾相當關心的議題？

確認故事建立了真正的**衝突**：

✓ 這個衝突是否證明你了解受眾遇到的問題？

✓ 這個衝突是否說出人物（也就是受眾）碰上的後果？

✓ 是否用明顯具有張力的語言，描述這個衝突，例如運用「然而」、「不過」、「雪上加霜的是……」等字詞

最後，確認故事的**結局**的確解決了衝突：

✓ 故事的結局是否令人滿意？

✓ 是否討論了足夠的細節……或是細節太多了？

✓ 故事是否證明，如果採用了那樣的解決方法，就能獲得大創意提到的理想好處？

此外，既然提到了大創意……

2. 是否有明確好記的大創意？

身為教練的你，你能提供的最重要的服務，大概是協助同仁準確抓到**大創意**。確切的大創意是故事架構的關鍵，也是一開始就要建立的故事元素。以下是協助同仁「誠實確認」的方法。你們要檢視幾件事：

✓ 同仁是否能好好傳達出他們有什麼樣的大創意，說出大創意的明確好處？

✓ 故事附上的每一項事實、數據或概念，是否直接支持這個大創意？

✓ 是否明顯能把比較長的大創意，變成朗朗上口的金句？

　　團隊小技巧：團隊一起想故事的時候，最好在有人受到誘惑，想從舊投影片或舊數據堆抽一點東西來用之前，就先確認好大創意。大家一致通過的大創意，將能避免出現東拼西湊的「科學怪人簡報」（〈第 9 章：五種歷久不衰的故事視覺化法〉討論過這件事）。

3. 結局是否支持大創意？

　　結局是同仁的故事結束的部分。隨著敘事深入探討各種細節，故事很容易走偏。結局有可能是產品功能、計畫的時間軸、軟體整合提案的中程里程碑等等。結局很關鍵，一定要反覆推敲，避免拖累故事。教練要協助同仁調整結局提供的資訊**量**，確保故事不會失衡。問他們幾個問題：

✓ 是否提供足夠的細節，方便受眾做出合理的決定？　　結局

✓ 萬一受眾想知道更多的細節，同仁是否準備好回答？　←

✓ 結局附上的每一個細節，是否都助大創意一臂之力？

身為教練的你，
最大的用處是擔任編輯

建議你的團隊成員：**少一點細節通常代表多（但永遠要做好充分準備，被問到要有辦法回答）。**

協助同仁去掉次要的細節，以免故事頭重腳輕。不過，你在擔任教練與扮演受眾時，也要詢問同仁進一步的細節，確認他們準備好面對咄咄逼人的高階主管，或是關鍵的利害關係人。同仁有可能需要準備隱藏的投影片或書面資料，以備受眾想進一步了解詳情時，有東西可以提供。

4. 故事的標題是否流暢？

教練們，閱讀時間到了。你在走一遍故事時，要判斷同仁是否從頭到尾好好利用了標題。你要問幾件事：

✓ 是否每個新出現的標題都與依循前一個標題而來？

✓ 是否每個標題都是轉折句，能推動故事向前？

✓ 標題是否流暢，聽起來像在對話？

我們在〈第 7 章：用生動的標題推動故事〉提過，如果要測試標題下得如何，最好的作法很簡單，就是大聲讀出來。還有再提醒一遍，光是把每個標題連起來，就要能言之成理。

5. 還有哪些事能改善故事？

最後的同儕教練挑戰，看似有點錦上添花。你的團隊成員已經搞定故事架構，在所有的資訊中突出大創意，利用生動的標題不斷推

進故事……所以說，還有什麼事要做？答案是**很多**。

同儕教練的職責是協助多推一把。成果究竟會是還可以的故事，或是精彩的故事，就要看是否多出了一分心力。你要請團隊成員思考：

從A到A+

✓ 是否還能多強調某個點子、數據或洞見，帶受眾踏上更難忘的旅程？

✓ 故事是否還有任何冗長的環節？同仁是否過度說明某個重點，如果刪掉，故事會更加簡潔有力？

✓ 有沒有同仁解說起來很吃力的部分？有的話，現在就確認他們弄清楚了。

說真的，不論故事表面上有多完整，永遠能更上一層樓。在這個匆忙的世界，這個最後一步通常會被跳過。我們的建議？慢下來。從全面的角度觀察故事，協助同儕找出最後還能調整的幾個地方，讓故事從 A 變 A ＋。

簡而言之……

　　同儕彼此當教練，將促成說故事的文化欣欣向榮。團隊成員能讓彼此步伐一致，找出自己選擇的事實與數據有多能傳遞訊息。記得要互相確認是否有四大路標、可靠的大創意（用結局支撐），以及生動的故事標題。這麼做能大幅改善整個團隊的故事品質。

重點回顧

教練能帶大家說故事

如果要讓每個人都說故事，就得仰賴教練的文化。
由領導者親自示範，
同儕相互練習，最後成為團隊的日常流程。
一切得靠大家都懂說故事的架構。

1

教練流程

主管必須推動與強化教練文化，
直接去做，鼓勵團隊分享與挑戰
彼此的故事。教練必須是故事開發
流程的固定環節。

2

給主管的小祕訣

主管能立刻以五種方法支持說故事：
協助確認明確的目標受眾、指出各種說
故事的機會、鼓勵同仁當彼此的教練、
設定明確的（高）標準，以及引進
正式的說故事訓練。管理者應該讓良好
的說故事能力，成為職涯晉升的關鍵。

3

給同儕的小祕訣

同儕互相擔任教練的前提，是環境
讓人能安心發問。目標是協助彼此講法
一致，嚴格遵守故事的架構（包括四大
路標、大創意與帶動故事的生動標題），
打造出好懂的簡潔故事。

姐妹淘
最後再多說幾句

你做到了。各位已經來到本書的尾聲，但才要展開說故事的旅程，開始推動點子，讓職涯出現進展。在這個告別時刻，讓我們快速提醒一下你即將帶上路的工具：

- **你手中有簡單、可重複、由故事帶動的框架。**此外，你還有威力強大的工具，例如生動的標題與基本的視覺技巧——全部加在一起後，你有辦法組織點子，排列優先順序。

- **你知道如何配合變動的情境調整故事，**例如碰到報告時間被縮短、受眾各有各的需求，或是必須為了虛擬環境改造故事。

- **你有明確的職涯晉升道路，**因為現在你知道如何輕鬆將敘事的架構，持續地應用在日常溝通。如今你更能掌握決策者將如何聽見你的點子，漸漸地，結果也將由你掌控。

本書是你的基本指南，教你如何打造商業故事。除此之外，本書還提供數十個真實的商業情境，包括視覺呈現、電子郵件、一頁報告等等，解釋實務上如何應用說故事的架構。

這套架構有理論基礎，
不過我們從實務的角度呈現，
每天都能應用。

我們**知道**要讓點子穿越雜音、抗拒，以及經常出現的自大心態，被人聽到，有多重要。我們在過去二十多年間，輔導過成千上萬一點就通的人士。如果你看到我們的「改造前」例子，**心頭一驚**，想到自己的上一份簡報或電子郵件，長得就像那樣，別擔心——不是只有你那樣。在我們的工作坊，我們觀察人們看到「改造前」與「改造後」的反應（通常會「心潮澎湃」）。一個又一個任職於財星 500 大世界級企業的團隊，一次又一次告訴我們：**「你們指出的錯誤，我幾乎每一條都犯過。」或「我不知道該笑還是該哭」**，或是（懊惱地）說：「從來沒人告訴我還有其他的方法。」

我們懂。每個人都需要趕趕趕，立刻端出東西。許多人的預設作法很簡單，就是抓到什麼用什麼，利用「應急」的內容快速搞定。我們挖出舊的投影片，借用同事的圖表，偷放行銷團隊的漂亮素材。東拼西湊後，得出我們說的「科學怪人簡報」——密密麻麻的條列式重點、無法閱讀的數據、訊息混亂的投影片。受眾不曉得我們究竟想讓他們知道什麼、做什麼，缺乏明確的行動呼籲，對話到一半突然中斷。**科學怪人簡報**等同無數被浪費掉的機會。

大家都同意嗎？＃拒絕再用科學怪人簡報

275

　　然而，儘管投影片、電子郵件與提案滿天飛，寫滿令人困惑的訊息，企業很少傳授更好的方法。親愛的產品經理（或是業務、數據工程師），那就是為什麼我們要寫這本書：終止混亂的訊息，終止亂塞的數據，不再錯過機會。

　　我們要對你下挑戰書：請利用本書介紹的架構，帶著明確的目標與策略，仔細推敲你所有的商務溝通。如同各種健身的道理，多加練習後，你講起故事會更熟練、更有力。很快地，你會意識到處處都是機會，每一天都用故事的結構來組織點子。

　　從來沒人教過其他的方法？現在你看過不同的作法了。每天都說商務故事的旅程就此展開。

Onward! 出發吧！

Janine Lee

珍妮和李 敬上

謝詞

在此 **特列感謝** 我們的人生中出現過的所有傑出人士。他們協助讓本書成真。

茱莉亞・皮卡爾（Julia Pickar）：我們的寫作之聲
（更優秀的那種）
貝琦・尼爾森（Becky Nelson）：藝術指導與插圖
茱莉・特伯格（Julie Terberg）：視覺設計
達倫・李維斯（Daren Lewis）與江崎久子（Hisako
Esaki）：故事開發
齊塔・巴德曼（Kitta Bodmer）：作者照片

感謝我們的TPC「職場家人」。他們扮演著關鍵的角色，讓本書的願景得以成真：
蘿倫・庫肯德爾（Lauren Kuykendall）：行銷專家
卡莉・詹斯頓（Carlie Johnston）：超級專案經理

此外，也感謝TPC的其他家人。他們雖然並未直接參與本書，因為有他們讓公司持續運轉，我們才得以抽身寫這本書：鮑伯・賽勒（Bob Seiler）、賽門・高瑟納（Simon Gottheiner）、凱蒂・馬修（Katie Matthews）、凱文・凱堡（Kevin Campbell）、梅根・寇斯特拉（Meghan Costella）、薛比・米恩（Shelby Milne）。

謝謝我們的導師與支持者

湯姆・佛洛依德（Tom Floyd）：謝謝你永遠相信我們，讓我們掙脫「PowerPoint的牢籠」，並讓「科學怪人投影片」與「七拼八湊」等詞彙變成我們的日常用語。
麥可・史提弗蘭（Michael Streefland）：你給了我們說「不」的勇氣。
妮基・布登（Nicki Bouton）：引導我們的早期歲月。
麥可・畢橋羅（Michael Bigelow）：我們最早的粉絲。
倫・戈登斯坦（Lauren Goldstein）：我們「非正式」的顧問與人脈女王
蘭達・布魯克斯（Randa Brooks）：在我們的事業財務成長面向，擔任導師與引領的力量。

伊恩・蓋茲（Ian Gates）：永遠協助我們保護應有的權利。

謝謝我們的父母

謝謝你們示範在人生與工作中「站出來」。也謝謝你們讓我們有幸成為姐妹。

謝謝我們的孩子

雅各（Jacob）、柔伊（Zoe）、愛娃（Ava）、海德莉（Hadley）與連恩（Liam），你們是北極星。謝謝你們讓我們每天有動力勤奮工作。也謝謝你們帶給我們人生中最寶貴的事物，讓我們懂得為了……你們「出席」。

謝謝我們的先生

霍華德（Howard）與賽門（Simon），謝謝你們從一開始就忍受我們的瘋狂。在我們的事業與家庭成長時，你們是我們的智囊團，讓我們保持理智，也是我們最強大的啦啦隊。

謝謝我的大姐

李，你是我的GPS路線圖。在生活與事業上要是沒有你，我會迷失。——珍妮

謝謝我的小妹

珍妮，這本書始於你，也結束於你。你的願景、熱情與創意，帶我們走到這一刻，我無法想像要是少了你當中心，我的工作或個人生活會變成什麼樣子。——李

作者簡介

珍妮・柯諾夫（Janine Kurnoff）與李・拉佐魯斯（Lee Lazarus）這對矽谷孕育的姐妹淘（今日轉移陣地到奧勒岡州波特蘭市），協助全球頂尖品牌旗下的數百團隊，成為運用策略的視覺溝通高手。兩人在 2001 年共同成立「簡報公司」（The Presentation Company，簡稱 TPC），接著一路走到今天。

珍妮是熱情洋溢的視覺建構長，也是 TPC 得獎工作坊背後的推手。李是行銷與銷售專家，深懂顧客的心態，率先預測潮流趨勢。兩個人碰撞出了什麼火花？是攜手火力全開、不斷創新、追求卓越的二人組。

我們的背景故事

珍妮在創辦「簡報公司」前，在於雅虎（Yahoo! Inc.）從事銷售訓練工作，日後成為網路廣播主持人，在節目上訪問矽谷的頂尖執行長、市場策略師與好萊塢名人。珍妮是蒙特雷國際研究學院（Monterey Institute of International Studies）的國際商務 MBA，也是身經百戰的主題演講者，她的專業文章刊登於《富比士》（Forbes）、《培訓產業》（Training Industry）、《Inc.》（Inc.）等雜誌。李有十年的時間，替矽谷兩間成長最快速的網路與電信市場研究公司，開發品牌、行銷溝通與公關策略。她在波士頓大學（Boston University）著名的傳播學院取得學士學位。

兩人有空的時候

珍妮大部分的日子會在芭蕾提斯班（barre class）出沒，或是追著三個精力旺盛的孩子跑，以及和丈夫享受必不可少的約會之夜。李同樣瘋狂熱愛健身（哈囉，波比跳！），也喜愛和兩個十多歲的孩子一起下廚，依偎在家中的奧斯卡貴賓寵物狗旁，以及和先生四處兜風。

注釋與圖片出處

本書出現過的虛構公司，包括 Go 保險公司、Bastion 行動、天堂科技、和諧健康、量子航空、學習先鋒，皆為真實的企業故事帶來的範例，由簡報公司（The Presentation Company LLC）獨家開發。

為了保密的緣故，所有的公司名稱、公司背景資訊、公司數據與產業事實皆為虛構，僅適合學習用途。

PART 1

第 1 章

1.Sperry, Roger, "Left-Brain, Right-Brain," Saturday Review (Aug. 9, 1975): pp. 30–33.

第 2 章

1.Klein, Gary, Seeing What Others Don't: The Remarkable Ways We Gain Insights (March 24, 2015): p. 22.

PART 2

第 12 章

1.https://www.mckinsey.com/industries/technology-media-and-telecommunications/our-insights/the-social-economy#by and 2019 HBR article: https://hbr.org/2019/01/how-to-spend-way-less-time-on-email-every-day

PART 5

第 19 章

1. 范達海博士（Els van der Helm）是全球知名的睡眠專家與 Shleep 執行長。Shleep 專注於藉由數位睡眠教練平台，提振員工健康，改良企業體質。

PART 6

第 20 章

1.Bersin & Associates, "High-Impact Performance Management: Maximizing Performance Coaching," (Nov. 14, 2012).

2.Stanier, Michael Bungay, The Coaching Habit: Say Less, Ask More & Change the Way You Lead Forever (Feb. 29, 2016), p. 12.

圖片出處

Pages 6 & 278 / 作者照片 / KITTA BODMER 攝影

Page 10 / Meet the Brain Scientists: Roger, Antonio, Iain, and John / Becky Nelson

Page 12 / Right-and left-brain / Becky Nelson

Pages 32+ / The Four Signposts / Terberg Design LLC

Page 40 / Current Situation & Opportunity / Becky Nelson

Pages 58+ / Go Insurance logo / Terberg Design LLC

Page 85 / Frankendecks are scary! / Becky Nelson

Pages 112+ / Harmony Health logo / Terberg Design LLC

Pages 113+ / "Waiting" by Travis Wise is licensed under CC BY 2.0

Pages 113+ /"Waiting room at eye doctor" by Dave Winer is licensed under CC BY-SA 2.0

Pages 113+ / "Medical HDR" by Matias Garabedian is licensed under CC BY-SA 2.0

Pages 113+ / "waiting....." by Kate Ter Haar is licensed under CC BY 2.0

Pages 113+ / "Doctor's Office, Waiting Room" by Consumerist Dot Com is licensed under CC BY 2.0

Pages 113+ / "Waiting Room" by the kirbster is licensed under CC BY 2.0

Pages 130+ / Quantum Airlines logo / Terberg Design LLC

Page 152 / LearnForward logo / Terberg Design LLC

Page 162 / Update Hero / Becky Nelson

Page 226 / Landing page with buckets / Becky Nelson

Pages 230+ / Team Storytelling: Marco, Charlie, Michelle and Laura / Becky Nelson

Page 243 / Poll / Becky Nelson

TOP 025　矽谷流萬用敘事簡報法則

矽谷專家教你說好商業故事，解決每一天的職場溝通難題

Everyday Business Storytelling：Create, Simplify, and Adapt A Visual Narrative for Any Audience

作　　　　者	珍妮‧柯諾夫、李‧拉佐魯斯
譯　　　　者	許恬寧
責 任 編 輯	魏珮丞
特 約 編 輯	梁淑玲
封 面 設 計	井十二設計研究室
藝術指導與插畫	貝琦‧尼爾森
視 覺 設 計	茉莉‧特伯格
內 頁 排 版	王氏研創藝術有限公司
總 編 輯	魏珮丞
出　　　　版	新樂園出版／遠足文化事業股份有限公司
發　　　　行	遠足文化事業股份有限公司（讀書共和國集團）
地　　　　址	231 新北市新店區民權路 108-2 號 9 樓
郵 撥 帳 號	19504465 遠足文化事業股份有限公司
電　　　　話	（02）2218-1417
信　　　　箱	nutopia@bookrep.com.tw
法 律 顧 問	華洋法律事務所 蘇文生律師
印　　　　製	呈靖印刷
出 版 日 期	2024 年 01 月 31 日初版一刷
	2024 年 05 月 23 日初版五刷
定　　　　價	620 元
I S B N	978-626-98075-2-9
書　　　　號	1XTP0025

國家圖書館出版品預行編目 (CIP) 資料

矽谷流萬用敘事簡報法則：矽谷專家教你說好商業故事, 解決每一天的職場溝通難
題 / 珍妮‧柯諾夫 (Janine Kurnoff), 李‧拉佐魯斯 (Lee Lazarus) 著；許恬寧譯. -- 初
版. -- 新北市：新樂園出版, 遠足文化事業股份有限公司, 2024.01
288 面；20×20 公分. -- (Top；25)
譯自：Everyday business storytelling : create, simplify, and adapt a visual narrtive
for any audience
ISBN 978-626-98075-2-9(平裝)

1.CST: 簡報 2.CST: 商務傳播 3.CST: 人際傳播

494.6　　　　　　　　　　　　　112021359

新 樂 園　　‧新樂園粉絲專頁‧
Nutopia